数字PCR检测技术
在牛结核病精准防控中的应用

◎房文斌　窦立静　陈强斌　主编

中国农业科学技术出版社

图书在版编目(CIP)数据

数字PCR检测技术在牛结核病精准防控中的应用 / 房文斌,窦立静,陈强斌主编. --北京:中国农业科学技术出版社, 2025.6. --ISBN 978-7-5116-7408-1

Ⅰ.S858.23

中国国家版本馆CIP数据核字第20256EP101号

责任编辑	张国锋
责任校对	李向荣
责任印制	姜义伟 王思文

出 版 者	中国农业科学技术出版社
	北京市中关村南大街12号　邮编:100081
电　　话	(010) 82109705 (编辑室)　(010) 82106624 (发行部)
	(010) 82109709 (读者服务部)
网　　址	https://castp.caas.cn
经 销 者	各地新华书店
印 刷 者	北京建宏印刷有限公司
开　　本	170 mm×240 mm　1/16
印　　张	12.25
字　　数	220千字
版　　次	2025年6月第1版　2025年6月第1次印刷
定　　价	68.00元

◀━━ 版权所有·翻印必究 ━━▶

《数字PCR检测技术在牛结核病精准防控中的应用》编委会

主　编

房文斌　第八师石河子市畜牧水产发展服务中心
窦立静　第八师石河子市畜牧水产发展服务中心
陈强斌　第八师石河子市畜牧水产发展服务中心

副主编

郑祖亮　艾普拜生物科技（苏州）有限公司
董　峰　第八师石河子市畜牧水产发展服务中心
赵艳梅　第八师石河子市畜牧水产发展服务中心
王宏伟　第八师石河子市畜牧水产发展服务中心
蔺文龙　第八师石河子市畜牧水产发展服务中心
叶翠芳　石河子大学动物科技学院

编写人员　刘　强　王超丽　李红艳　顾兴存
　　　　　　杨　阳　万　娇　牛春晖　周　彬
　　　　　　王煜舒　马　宏　叶　丹　梁　宴
　　　　　　程会涛　程　军　王新利　王志胜
　　　　　　黄晓晨

前　言

牛结核病，由牛结核分枝杆菌引起的一种人兽共患病，该病不仅影响牛群的健康和生产性能，还可引发严重的公共卫生问题，潜伏期长，多呈慢性经过，临床症状不明显，早期诊断对该病的防控至关重要。建立针对牛结核分枝杆菌的高效、特异、灵敏的检测方法，为牛结核病的早期诊断、疫情监测和精准防控提供有力的技术支撑。

基于数字 PCR 检测技术在检测灵敏度、特异性的技术优势和巨大潜力，深度融合了牛结核病防控理论与实践，提出了牛结核病检测、防控与净化的全新方案。本书全面系统地介绍了牛结核病的防控策略、检测方案的制定、风险评估、生物安全管理、净化措施及一场一策的具体应用，阐述数字 PCR 的技术原理与优势，牛结核病数字 PCR 检测方法的建立、操作技术规程的制定及在牛结核病检测中的应用。本书不仅为基层牛结核病的防控提供了科学的决策依据和技术支持，有助于提升我国牛结核病的整体防控水平，为牛群的健康管理和畜牧业的健康发展提供了重要保障，同时也是一部引领牛结核病检测技术革新的前沿力作，数字 PCR 检测技术在牛结核病检测诊断的应用，提升了牛结核病检测的准确性和效率，有效降低了漏检和误检的风险，早期发现和控制疫情，推动了牛结核病检测技术快速发展。

编　者
2025 年 3 月

目　　录

第一篇　牛结核病防控

第一章　牛结核病概述 ... 3
- 第一节　牛结核病的概念 ... 3
- 第二节　牛结核病流行特点 ... 3
- 第三节　牛结核病临床症状与病理学变化 ... 4
- 第四节　与牛结核病相似疾病的鉴别 ... 5
- 第五节　牛结核病的传播因素 ... 7
- 第六节　牛结核病的危害 ... 9
- 第七节　牛结核病研究现状 ... 10

第二章　牛结核病防控策略 ... 12
- 第一节　牛结核病防控存在的问题 ... 12
- 第二节　牛结核病防控方案 ... 13

第三章　牛结核病的生物安全防控 ... 17
- 第一节　牛场的规划与布局 ... 17
- 第二节　牛场的防疫管理 ... 21
- 第三节　牛场的消毒管理 ... 23
- 第四节　牛场车辆防疫管理 ... 29
- 第五节　人员管理 ... 32
- 第六节　兽医卫生管理 ... 35
- 第七节　无害化处理 ... 37

第四章　牛结核病的净化 ... 39
- 第一节　动物疫病净化与无疫小区创建的意义 ... 39

第二节　牛结核病净化场创建的要求与条件 …………………… 42
第三节　牛结核病净化场创建的步骤 …………………………… 59
第四节　牛结核病无疫小区创建的要求与条件 ………………… 62
第五节　牛结核病无疫小区创建的步骤 ………………………… 68
第六节　净化场、无疫小区的日常管理 ………………………… 71

第二篇　牛结核病的常规检测技术

第一章　牛结核病常用检测方法与适用范围 …………………… 75
第一节　牛结核病检测目的与意义 ……………………………… 75
第二节　牛结核病检测的样品采集与处理 ……………………… 76
第三节　细菌学检测 ……………………………………………… 82
第四节　分子生物学诊断 ………………………………………… 84
第五节　免疫学诊断 ……………………………………………… 93

第二章　牛结核病监测方案的制定 ………………………………… 122
第一节　监测计划制订的原则 …………………………………… 122
第二节　健康牛群的监测 ………………………………………… 130
第三节　污染牛群的监测 ………………………………………… 133
第四节　引种、引入牛的检测 …………………………………… 137
第五节　牛场的环境检测 ………………………………………… 138

第三章　牛结核病检测结果应用 …………………………………… 140
第一节　阳性、可疑牛及病害畜产品处置规程 ………………… 140
第二节　不同阳性率牛场的防控方案 …………………………… 143

第四章　牛结核病检测质量控制 …………………………………… 146
第一节　检测方法的选择 ………………………………………… 146
第二节　检测方法联合与优化 …………………………………… 149
第三节　实验室风险管理 ………………………………………… 153

第三篇　牛结核病微滴数字 PCR 检测技术

第一章　数字 PCR 技术 ……………………………………………… 159
第一节　数字 PCR 技术原理 ……………………………………… 159
第二节　数字 PCR 技术优势 ……………………………………… 161

第三节　数字 PCR 技术在动物疫病防控中的应用 …………………… 162
第二章　牛结核病数字 PCR 检测技术 ……………………………………… 164
　　第一节　牛结核病数字 PCR 检测方法建立 ……………………………… 164
　　第二节　牛结核病数字 PCR 检测操作技术 ……………………………… 167
第三章　基于数字 PCR 牛结核病的防控净化技术方案 …………………… 171
　　第一节　方案制定的原则与依据 ………………………………………… 171
　　第二节　牛结核病主要检测方法 ………………………………………… 172
　　第三节　牛结核病的定期监测 …………………………………………… 175
　　第四节　数字 PCR 技术在牛场结核病检测中的新应用 ………………… 177
　　第五节　基于数字 PCR 技术牛结核病的精准检测方案 ………………… 179
　　第六节　牛结核病的分区防控与净化 …………………………………… 180
参考文献 ……………………………………………………………………… 185

第一篇

牛结核病防控

第一篇

中华人民共和国宪法

第一章　牛结核病概述

第一节　牛结核病的概念

牛结核病是一种由牛分枝杆菌引起的牛的慢性消耗性人兽共患病，其他多种家畜及某些野生动物群及人可感染牛结核分枝杆菌，以组织器官的结核结节性肉芽肿和干酪样、钙化的坏死病灶为特征。

牛结核病是许多国家牛的一种主要传染病。该病可传播给人，对公共卫生产生威胁。根据世界动物卫生组织（WOAH）的规定，牛结核病被列为必须通报的疾病之一，并归类为 B 类疫病。在我国，牛结核病也被列为二类动物疫病，受到严格的监管和控制。这些分类和通报要求体现了牛结核病在公共卫生和动物健康方面的重要性。

第二节　牛结核病流行特点

传染源：结核病畜是主要传染源，结核杆菌在机体中分布于各个器官的病灶内，因结核病病牛通过由粪便、乳汁、尿及气管分泌物排出病菌，污染周围环境而扩散传染。

传播途径：主要经呼吸道和消化道传染，也可经胎盘传播或交配感染，犊牛通过饮用被结核杆菌污染的牛奶感染。

易感动物：牛对牛型菌易感，其中奶牛最易感，水牛易感性也很高，黄牛和牦牛次之；猪、鹿、猴也可感染；马、绵羊、山羊少见；人也能感染，且与牛互相传染。

发病季节：本病一年四季均可发生，但舍饲的牛发生较多。畜舍拥挤、阴暗、潮湿、污秽不洁，过度使役和挤乳，饲养不良等，均可促进本病的发生和传播。

潜伏期：一般为 10~15 d，有时达数月以上。

病程：呈慢性经过，表现为进行性消瘦、咳嗽、呼吸困难，体温一般正常。

第三节　牛结核病临床症状与病理学变化

一、临床症状

牛结核病在牛体内可侵害多个器官，但最常见的是肺结核，其次是乳腺结核和淋巴结核，偶尔也可见肠结核、生殖器结核、脑结核等。其临床症状因病菌侵入机体后的毒力、机体抵抗力以及受害器官的不同而有所差异。

1. 肺结核

病牛初期可能无明显临床症状，运动后或站起、吸入冷空气时可见短而干的咳嗽；随病情加重，咳嗽更加明显，表现为频繁的疼痛性咳嗽，严重者出现气喘症状。病牛逐渐消瘦，伴发贫血，有的体表淋巴结肿大，常见于肩前、股前、腹股沟、下颌等部位的淋巴结。胸部听诊可能呈现摩擦音，叩诊有实音区、痛感和引发咳嗽。

2. 乳腺结核

乳房上淋巴结肿大，乳房有局限性或弥散性硬结，无热痛。乳量渐减，乳汁稀薄，有时混有脓块。

3. 淋巴结核

不是一个独立病型，各种结核病的附近淋巴结都可能发生病变。淋巴结肿大，无热痛。常见于下颌、咽颈及腹股沟等淋巴结。

4. 其他器官结核

肠结核多见于犊牛，便秘与下痢交替出现或顽固性下痢。

生殖器官结核可能导致性机能紊乱，多次发情，性欲亢进，母牛出现不孕或流产，公牛附睾肿大等。

脑结核在脑和脑膜等可发生粟粒状或干酪样结核，常引起神经症状，如运动障碍、癫痫等。

二、病理变化

牛结核病的病理变化主要发生在肺脏及其他被侵害的组织器官，形成白色的结核结节，有的为干酪样坏死，有的钙化。

1. 肺脏病理变化

肺脏常有很多突起的白色或黄色结节，切时有砂粒感。结节中心可能发生干酪样坏死或钙化，或形成脓腔和空洞。

2. 淋巴结病理变化

肺门淋巴结、纵隔淋巴结、肠系膜淋巴结和头颈部淋巴结等常发生肿大，内有干酪样坏死或钙化灶。

3. 其他器官病理变化

乳腺结核时，其切面可见大小不等的干酪样病灶。

生殖器官结核时，子宫黏膜、黏膜下组织或肌层组织可见干酪样结节、溃疡或瘢痕。

特殊病理变化，当结核发生在胸膜和腹膜时，浆膜面呈现密集的结核结节，由粟粒大至豌豆大不等，外观为白色半透明的坚硬结节，形似珍珠状，俗称"珍珠病"。

第四节 与牛结核病相似疾病的鉴别

在兽医临床上，牛结核病与其他几种疾病在症状上可能存在相似之处，因此需要进行仔细鉴别。以下是与牛结核病相似疾病的鉴别，包括副结核、肺气肿、牛巴氏杆菌病、牛肺疫、肺水肿以及上呼吸道炎。

一、副结核

1. 相似症状

与牛结核病一样，副结核也会导致牛进行性消瘦、营养不良，且病程较长。

2. 鉴别要点

病原体：副结核由副结核分枝杆菌引起，而牛结核由结核分枝杆菌引起。

主要症状：副结核主要表现为顽固性腹泻，粪便稀薄带有气泡和黏液；而牛结核则主要表现为咳嗽、呼吸困难等症状。

病理变化：副结核主要病变在消化道（空肠、回肠、结肠前段）和肠系膜淋巴结，肠黏膜肥厚形成皱褶；牛结核则病变发生在肺脏、乳房、肠和淋巴结等多个器官，形成结核结节。

二、肺气肿

1. 相似症状

肺气肿可能导致牛呼吸困难，与牛结核病中肺部受损引起的呼吸困难相似。

2. 鉴别要点

叩诊：肺气肿时，叩诊肺各部均呈鼓音或过清音，而牛结核病肺部叩诊可能出现浊音。

其他症状：肺气肿无进行性消瘦、贫血等症状，而牛结核则伴有这些症状。

三、牛巴氏杆菌病

1. 相似症状

牛巴氏杆菌病中的肺炎型可能导致牛咳嗽、呼吸困难，与牛结核病相似。

2. 鉴别要点

病程：牛巴氏杆菌病病程短而发展快，而牛结核病病程长且呈慢性经过。

病变：牛巴氏杆菌病肺脏病变与结核病不同，且无结核结节和干酪样坏死。

四、牛肺疫

1. 相似症状

牛肺疫可能导致牛咳嗽、呼吸困难，肺部听诊有异常呼吸音，与牛结核病相似。

2. 鉴别要点

结核菌素试验：牛结核病结核菌素试验呈阳性反应，而牛肺疫则呈阴性反应。

病变：牛肺疫肺部病变与结核病不同，且可能伴有胸下、腹下水肿。

五、肺水肿

1. 相似症状

肺水肿可能导致牛呼吸困难，与牛结核病中肺部症状相似。

2. 鉴别要点

叩诊与鼻液：肺水肿时，叩诊肺常呈鼓音，两侧鼻孔流出黄色或淡红色的泡沫状鼻液；而牛结核病无泡沫状鼻液流出。

其他症状：肺水肿无进行性消瘦、贫血等症状。

六、上呼吸道炎

1. 相似症状

上呼吸道炎可能导致牛咳嗽，与牛结核病中咳嗽症状相似。

2. 鉴别要点

咳嗽性质：上呼吸道炎咳嗽频繁，但无进行性消瘦、贫血等症状；而牛结核咳嗽可能伴有痛苦表情，且逐渐加重。

病变部位：上呼吸道炎病变主要在上呼吸道，而牛结核则发生在肺脏、乳房、肠和淋巴结等多个器官。

第五节　牛结核病的传播因素

一、养殖场中的结核病感染牛

养殖场中已感染结核病的牛是牛结核病的主要传染源，结核分枝杆菌存在于患病牛的痰液、精液、子宫分泌物、尿、粪便及组织器官中，可由粪便、乳汁、尿及气管分泌物排出结核杆菌，污染周围环境。

传播方式：患病牛通过呼吸道（如咳嗽时喷出的飞沫）、消化道（如污染的草料、饮水和牛奶）以及交配等途径，将结核分枝杆菌传播给其他健康牛。

影响：由于牛结核病的潜伏期较长，且初期症状不明显，因此已感染牛可能在很长一段时间内都是潜在的传染源，对养殖场构成持续威胁。

二、环境因素

环境因素对牛结核病的传播具有重要影响。牛舍内外的环境条件，如温度、湿度、通风状况、光照条件等，均可影响病菌的生存和传播。

传播媒介：环境中的尘埃、飞沫、污染物等可能成为结核分枝杆菌的传播媒介。特别是在拥挤、潮湿、通风不良、阴暗潮湿的环境中，病菌可能更容易滋生和传播。

季节性影响：在春秋等季节变换时期，由于气温、湿度等环境因素的变化，可能导致病菌的活跃性增强，从而增加疾病的传播风险。

三、饲养管理因素

饲养密度：过高的饲养密度会增加牛只之间的接触机会，从而加剧疾病的传播。

卫生条件：饲养环境的卫生状况直接影响病菌的滋生和传播。不及时的清洁和消毒工作可能导致病菌在环境中长期存在，进而增加感染风险。

饲料管理：营养不良或饲料中缺乏必要的矿物质和维生素会降低牛的抵抗力，使其更容易感染结核病。

人员流动与防护：饲养员、兽医等人员如果不注意个人卫生和防护，也可能成为疾病的传播者。饲养员、兽医等人员的流动，他们的衣物、鞋靴等可能携带病菌进入养殖场。

四、其他因素

动物交易与流动：动物交易和流动可能将病菌从一个地区传播至另一个地区。各流通环节的检疫不全面、不深入，产地检疫、运输检疫、屠宰检疫、市场检疫等未按照国家规定形成完整流程，隐性感染牛未被及时发现，养殖户、运送人员、贩卖人员等从业人员的预防意识淡薄，如果未经过严格的检疫和隔离措施，就可能将病菌带入新的养殖场。

野生动物接触：野生动物（如狐狸等）也可能携带结核分枝杆菌。它们可能通过排泄物使病菌污染环境，进而感染家畜。

人类活动影响：人类活动（如城市化进程、土地利用变化等）可能对牛结核病的传播产生影响。例如，城市化进程可能导致养殖密度增加、环境卫生条件恶化等，从而加剧疾病的传播。

诊疗因素：畜牧兽医、养殖人员等专业人员的不规范操作也是造成结核病传播的原因之一。例如，治疗器械、人工授精设备等用具使用前及使用后不进行清洗消毒，反复使用；在对不同牛进行操作时，防护服、防护手套、眼罩、口罩等防护用品不做更换。

第六节 牛结核病的危害

牛是牛分枝杆菌最易感染的动物，牛结核病给养牛业带来了较大经济损失。牛结核病也可传染给人，人可通过吸入含菌气溶胶或食用未经巴氏消毒的含菌牛奶及牛结核杆菌污染的牛肉等而发生感染，从而威胁到人类健康，特别是在发展中国家危害更大。

一、牛结核病对奶业发展的危害

1. 经济损失

牛结核病可导致病牛产奶量显著减少，乳汁品质下降，从而影响奶牛养殖业的经济效益。

为控制疫情，需要采取扑杀阳性牛等控制措施，这进一步增加了养殖成本，对养牛业造成巨大的经济损失。

2. 制约奶业发展

由于牛结核病对人类公共卫生构成潜在风险，牛结核病的流行影响人们对牛奶及奶制品的消费信心，严重影响对牛奶及奶制品的消费，导致市场需求下降，牛结核病的流行制约着奶业持续发展、食品卫生安全、国际贸易等重大的国计民生问题。

二、牛结核病对人类健康的危害

1. 直接感染风险

尽管牛结核病主要通过牛群间的传播对畜牧业造成经济损失，但它对人类也存在直接感染的风险。虽然这种直接传播给人类的风险相对较低，但仍然存在潜在的威胁。特别是当人类接触到患病牛的分泌物、排泄物（如鼻汁、痰液、粪便和乳汁等）或被这些物质污染的环境（如空气、饲料、饮水等）时，有可能通过呼吸道或消化道感染结核分枝杆菌。

2. 易感人群与高风险环境

某些人群对牛结核病更易感，如实验室人员、兽医、养殖工作人员、检疫员等，他们由于职业原因更容易接触到患病牛或相关污染物。此外，在一些高风险环境中，如通风不良的牛棚、屠宰场或奶制品加工厂等，结核分枝杆菌的传播风险更高。这些环境中的工作人员和消费者都有可能受到感染。

3. 对人类健康的长期影响

人感染结核分枝杆菌后，潜伏期长短不一，有的可以潜伏数年甚至数十年。一旦发病，可能出现咳嗽、咳痰、咯血、胸痛、呼吸困难等症状。全身常有低热、盗汗、消瘦、乏力等症状，女性患者还可能出现月经不调。结核病如果不能及时诊断和治疗，可能导致病情恶化，甚至危及生命。

三、对公共卫生安全的危害

1. 疫情传播

牛结核病在牛群中的传播速度迅速，且范围广泛。一旦疫情暴发，由于其隐蔽性和慢性病程，很难在短时间内得到有效控制。这种疫情的快速传播不仅直接影响养牛业，还可能迅速波及其他畜牧业。牛结核病的传播方式多样，包括呼吸道传播、消化道传播以及通过污染的饲料、水源和器具等间接传播。这使得疫情的控制变得异常复杂和困难。更重要的是，牛结核病不仅限于动物间传播，还有可能通过人类与感染动物的直接接触或食用受污染的乳制品等途径传播给人类，进一步扩大了疫情的威胁范围。

2. 社会恐慌与不安定因素

牛结核病的暴发往往伴随着社会恐慌和不安定因素的滋生。公众对牛结核病的担忧和恐慌情绪可能导致对乳制品等食品的信任度急剧下降，进而引发一系列连锁反应。消费者可能减少甚至拒绝购买和食用相关食品，导致市场需求急剧萎缩，对乳制品产业造成巨大冲击。

社会恐慌还可能引发公众对政府、卫生部门和养殖企业的信任危机。这种信任危机不仅影响牛结核病的防控工作，还可能对社会稳定和经济发展造成深远影响，对公共卫生安全构成更大的威胁。

第七节 牛结核病研究现状

牛结核病是一种重要的人兽共患传染病，人可以通过食用被结核杆菌污染的牛奶制品等受到感染。近年来，由于国内生活水平的提高，对奶制品的需求增大，奶牛的养殖量迅速上升，结核病感染的风险加大，做好牛结核病的净化工作也越来越受到重视，要从根本上控制牛结核病的发生与流行，必须加强对本病的研究，以便为控制和消灭牛结核病提供技术支持。

要想彻底净化根除牛结核病，就必须重视新技术、新成果的应用。目前诊断技术和疫苗免疫研究是牛结核病研究的热点方向，呈现出多元化、快速发展的趋势。在诊断技术方面，新的检测方法不断涌现，为牛结核病的防控提供了有力的技术支持；在疫苗免疫研究方面，新型疫苗的开发和现有疫苗的改进也在不断推进。

一、牛结核病诊断方法研究进展

牛结核病是一种严重的人兽共患传染病，牛结核病的诊断方法经历了从传统方法到现代技术的转变。诊断牛结核病的检测方法主要归为三类：细菌学检测、免疫学检测和分子生物学诊断技术。

目前世界各国都在致力于研究开发牛结核病的快速诊断方法，以提高诊断的准确性和效率。结核菌素试验是目前应用最广泛的免疫学检测方法，通过在牛体内注射结核菌素，观察注射部位的皮肤反应来判断牛是否感染结核分枝杆菌。这种方法操作简便，成本较低，但存在一定的假阳性和假阴性率；γ-干扰素试验具有较高的敏感性和特异性，但成本较高。

二、牛结核菌疫苗免疫研究进展

牛结核病是由牛分枝杆菌所引起牛的一种慢性消耗性传染病，具有重大的公共卫生学意义，控制牛结核是降低或免除人感染风险的重要举措。尽管许多发达国家采用检疫加扑杀阳性牛的防控策略，以及消灭或控制了牛结核病，但这一防控策略并不适用于所有国家和地区。多数发展中国家无法承受由此带来的经济损失，而有些国家还存在野生动物感染，可以作为牛分枝杆菌的贮存宿主。因此疫苗免疫从某种意义上说不失为一种较好的策略。

牛结核病的疫苗免疫研究也是当前的研究热点之一。目前，牛结核病的疫苗主要有卡介苗和牛型结核分枝杆菌疫苗等。然而，这些疫苗在预防牛结核病方面存在一定的局限性，如保护力不够强、免疫持续时间短等。因此，开发新型、高效、安全的牛结核病疫苗是当前的研究重点。

近年来，随着基因工程技术的不断发展，利用基因工程技术改造和优化现有疫苗、开发新型疫苗已成为可能。例如，通过基因工程技术构建表达结核杆菌保护性抗原的重组疫苗、DNA疫苗等，这些新型疫苗在动物实验中表现出了良好的免疫效果和保护力。此外，利用免疫佐剂增强疫苗的免疫效果也是当前的研究方向之一。

第二章 牛结核病防控策略

第一节 牛结核病防控存在的问题

目前牛结核病防控工作中仍存在较大的漏洞,提高牛结核病防控工作质量的重要性日益凸显。针对牛结核病防控工作中常见的问题进行分析,并提出相应的策略,以期提高相关部门、养殖场(户)防控工作的质量,保障社会公共卫生安全。

一、对结核病的防控意识不足

牛结核病传播速度快、致病力强、传播途径多、发病率高、涉及范围广。养殖场管理人员或部分养殖户对牛结核病的危害认识不足,缺乏预防意识,一旦发生会严重威胁人畜健康和公共卫生安全。存在瞒报继续饲养或者私自异地销售的现象,从而增加了牛结核病防控工作的难度和牛结核病的传播。应加强结核病防治知识的宣传和教育,了解牛结核病的传播途径、症状和预防措施,提高养殖户对牛结核病危害的认识。

二、阳性牛扑杀难度大

奶牛的市场价值较高,扑杀阳性牛的补偿机制不完善、补偿扑杀资金较少和财政补助资金不能及时到位等原因,养殖户需要承担一定的经济损失,导致扑杀积极性不高。完善阳性牛扑杀的补贴政策,确保养殖户的经济损失得到合理补偿。应加强政策宣传和解释工作,让养殖户了解扑杀阳性牛的重要性和必要性。

三、隔离净化不到位

养殖场或养殖户在检查出阳性牛后,未能及时进行隔离和扑杀,导致结核病在牛群中大规模传染。在扑杀阳性牛后，未对同群奶牛进行反复的检查和净化工作。建立严格的隔离和净化制度，确保阳性牛得到及时扑杀，同群奶牛得到反复检查和净化。应加强检疫部门的监管力度，确保隔离和净化措施得到有效执行。

四、监督管理缺失

部分地区的执法部门与动物疫病检疫检测分离，负责检疫检测的单位无执法权，导致监督管理不到位。奶制品加工厂不执行国家规定，收购未经检疫的牛奶，进一步加剧了牛结核病的传播。应加强动物卫生执法与动物疫病检疫检测的协调配合，确保监督管理工作的有效开展。加大对奶制品加工厂的监管力度，督促其严格执行国家规定，拒收未经检疫或检疫不合格的牛奶。

五、防控资源有限

部分地区的防控资源有限，包括人力、物力和财力等方面，导致防控工作难以全面开展。结核病阳性牛的扑杀补偿机制和监测、净化经费难以得到有效落实，没有按照相应的检疫技术规范定期开展牛结核病的检测，有些地方不检或假报阴性结果还比较严重。加大政府投入，提高防控资源的保障水平。鼓励社会各界参与牛结核病的防控工作，形成全社会共同参与的防控格局。

第二节　牛结核病防控方案

牛结核病在我国是二类动物疫病和重大人兽共患病，应对牛结核病进行区域化管理，建立牛结核病风险评估和综合防控体系。不断提高牛结核病检测技术，执行检疫与扑杀，移动与控制相互结合，减少牛结核病的发生。

一、建立定期检疫监测制度

定期检测奶牛结核病，检疫部门结合实际情况，建立定期检疫制度体系。根据牛场结核病发病情况，结合牛场实际情况，制定切合实际的牛结核病检测方案，确定检测的频次与方法，确保奶牛结核病的早发现、早处理。加大养殖场、屠宰场和交易市场监测力度，及时准确掌握病原分布和疫情动态，科学评估风险，逐步建立完善奶牛个体档案和可追溯标识，对感染牛及时追踪溯源，并对溯源牛群进行持续监测。

二、健全动物防疫体系建设，加强生物安全管理

加强基层动物防疫体系建设，增加资金和设备投入，指导养殖场户加强生物安全防控，落实日常消毒措施，提高生物安全水平，定期开展奶牛结核病检疫、监测工作，及时掌握疫情动态，按照《牛结核病防控技术规范》，切实做到"早发现、早诊断、早报告、严处置"，及时扑杀牛结核病感染牛，并进行无害化处理。

三、加大对于科技的宣传力度

政府加强奶牛结核病防控知识的培训与结核病严重危害的宣传工作，普及奶牛结核病防控知识，定期开展各类培训工作。提高养殖场（户）对奶牛结核病的危害认识以及防控重要性的认识，主动配合对奶牛结核病的检测与防控，提高牛结核病防控技术水平。

四、完善奶牛场的综合防控措施

奶牛场应合理选址，科学布局，按照动物防疫要求、生产工艺流程，合理建设消毒设施、饲料间、牛舍、兽医室、堆肥棚（场地）等设施。完善隔离设施，建立与饲养规模相适应的隔离圈舍，同时，建立健全消毒制度、疫情上报制度、病死无害化处理制度、投入品记录制度、档案记录制度等。奶牛场自繁自养，培育健康犊牛。如果需要引种，应从无结核病的地区或牛场引进，并做好隔离、检疫工作。

五、加大动物防疫监督力度

动物防疫监督机构加强对奶牛产地、市场、流通、屠宰等各环节防疫监督管理，规范市场流通渠道，奶牛调运严格按照《中华人民共和国动物防疫法》和国家有关规定，严格实行奶牛调运检疫审批和准入制度。严格落实畜产品质量安全相关规定，对染疫畜产品按规定进行无害化处理。

六、制订牛结核病未来的长期防控规划和短期计划

政府应高度重视奶牛结核病净化防控工作，明确奶牛结核病防控工作的目标，确定防控的目标任务，明确责任。同时建立责任追究制度，更好地做好奶牛结核病防控工作。

为了有效应对牛结核病这一公共卫生挑战，政府应高度重视并制订牛结核

病的长期防控规划和短期计划。以下是对这一过程的详细阐述。

1. 长期防控规划

（1）明确目标：政府应明确牛结核病防控的长期目标，如降低发病率、减少经济损失等。

（2）确定任务：根据长期目标，制定具体的防控任务，如加强监测、推广先进的防控技术、提高公众认知等。

（3）明确责任：明确各级政府和相关部门在牛结核病防控工作中的责任，确保各项任务得到有效落实。建立责任追究制度，对防控工作不力、造成严重后果的单位和个人进行问责。

（4）加强科研：鼓励和支持科研机构开展牛结核病相关研究。推动科研成果的转化和应用，提高防控工作的科技含量。

2. 短期计划

（1）疫情监测与报告：加强牛结核病的疫情监测工作，确保及时发现和处理疫情。建立完善的疫情报告制度，确保信息的准确性和及时性。

（2）防控技术推广：组织专家团队深入基层，开展牛结核病防治技术的培训和推广活动。提高养殖场户对牛结核病的认知和防治能力。

（3）应急处置：制订牛结核病应急处置预案，确保在疫情发生时能够迅速响应、有效处置。加强应急处置队伍的建设和培训，提高应急处置能力。

（4）公众宣传与教育：通过多种渠道开展牛结核病防控知识的宣传和教育活动。提高公众对牛结核病的认知和重视程度，形成全社会共同参与的防控氛围。

（5）监督与评估：加强对牛结核病防控工作的监督和评估力度。定期对防控工作的进展情况进行检查和总结，及时调整和完善防控策略。

七、建立畜牧和卫生部门的联防议事协调机构

组建由兽医、卫生、财政、监督执法等部门的综合协调机构，保障人兽共患病防控的统一领导、组织协调、财政保障等措施的制定和落实。定期召开会议，总结人兽共患病的进展情况，分析存在的问题和挑战，并制定相应的解决方案；加强信息共享和沟通协作，确保防控工作的信息畅通无阻，确保在疫情发生时能够迅速响应、有效处置。

八、加快推进净化工作

1. 制订净化实施方案

（1）明确目标：确定牛结核病净化的总体目标和阶段性目标，如降低发病率、提高治愈率等。

（2）制订计划：根据牛结核病的流行情况和养殖场的实际情况，制订切实可行的净化计划。

（3）资源整合：整合政府、相关部门、养殖场户以及社会各界的资源，共同推进牛结核病净化工作。提供必要的资金、技术和政策支持，确保净化工作的顺利进行。

2. 分区域、分步骤推进

（1）区域划分：根据牛结核病的流行程度和养殖场的分布情况，将区域划分为高、中、低风险区。针对不同风险区，采取不同的防控策略和净化措施。

（2）步骤实施：在高风险区开展全面的检疫监测工作，及时发现并处理感染牛；在中风险区加强生物安全防控，落实日常消毒、隔离等措施；在低风险区巩固净化成果，防止牛结核病反弹。

3. 对养殖场户实行分类指导

（1）一场一策：根据养殖场的规模、养殖方式、疫情状况等因素，制定个性化的净化方案。指导养殖场户加强饲养管理，提高牛群的免疫力。

（2）技术支持：提供牛结核病防治的技术指导和培训，帮助养殖场户掌握正确的防控方法。推广先进的养殖技术和设备，提高养殖场的生物安全水平。

九、加强奶牛群体风险监测

加强奶牛群体风险监测是防控牛结核病等疫病的重要措施。通过支持奶牛养殖场户开展自检、探索建立生鲜乳病原微生物风险监测评估制度以及采取综合防控措施，我们可以更有效地保护奶牛健康、维护公共卫生安全以及保障乳制品的质量安全。

养殖场户开展牛结核病自检能够及时发现奶牛群体中的潜在感染者，有助于早期隔离和治疗，为制定和调整防控策略提供科学依据。政府或相关部门应为奶牛养殖场户提供牛结核病自检的技术指导和资金支持，帮助他们建立自检体系。组织专业培训，提高自检人员的专业素养和操作技能，确保自检结果的准确性和可靠性。对自检工作进行定期评估，及时发现问题并进行整改，确保自检工作的持续有效。

第三章 牛结核病的生物安全防控

第一节 牛场的规划与布局

在新建的养牛场中,设计首先要符合我国基本国情,要注意尽量采用新工艺、新技术、新设备。生产无公害畜产品、绿色畜产品、有机畜产品是当今世界发展的趋势。生态畜牧业是畜牧业高质量发展必由之路。合理的畜养殖场规划设计是组织实施无公害、绿色、有机养殖使畜牧生产达到社会效益、经济效益、生态效益"三效统一"的基础。根据牛的饲养管理和生产工艺,科学地划分牛场各功能区,合理地配置厂区各类建筑设施,采用无害化、资源化设计工艺,科学处理和利用粪污,可以达到节约土地、节省资金、提高劳动效率以及有利于兽医卫生防疫的目的,致力建设花园式生态养牛场。

一、牛场的选址

牛场选址要符合当地土地利用总体规划、城乡发展规划和环境保护规划,符合畜牧业发展规划、农田基本建设规划等规划,牛场选址建设要有长远的规划,要留有发展的余地。必须符合兽医卫生和环境卫生的要求,周围无传染源,无人兽共患病,适应现代化养牛业的发展趋势。

选择场址应与当地自然资源条件、气象因素、农田基本建设、交通规划、社会环境等相结合。牛场场址不应在生活饮用水的水源保护区、风景名胜区及自然保护区的核心区和缓冲区,要远离城镇居民区、文化教育科学研究区等人口集中区域,并在水源的下游,所选牛场场址应考虑如下几点。

1. 地势与地形

开阔整齐,理想的是正方形或长方形,尽量避免狭长形和多边角。平坦干燥、背风向阳,排水良好;防止被河水、洪水淹没。地下水位须在 2 m 以下,最高地下水位须在青贮窖底部 0.5 m 以下；地势应平坦而稍有坡度，总坡度不超过 20%，建筑区坡度以 1%~3% 为宜，总的坡度应向南倾斜。山区养殖场还要考虑建在放牧出入方便的地方。

2. 土质与水源

土质应坚实，抗压性和透水性强，无污染，较理想的是沙壤土。水量充足，日供水能力按每头存栏奶牛 300~500 L 设计，未被污染，并易于取用和防护，保证生活、生产、牛群及防火等用水需求。

3. 社会环境

交通、供电、饲料供应等方便，牛场不能对居民区造成污染，场周围没有毁灭性的家畜传染病；牛场与动物饲养场、动物屠宰加工场所、动物隔离场所、动物和动物产品无害化处理场、生活饮用水水源地、动物诊疗场所、居民生活区、学校、医院等公共场所边界保持必要的间距，与公路、铁路等主要交通干线保持必要的距离。

二、奶牛场的布局

奶牛场布局要满足牛的生理特点需要，以科学组织生产、便于饲养管理、提高工作效率为原则。按照牛群组成和饲养工艺来确定各作业区的最佳生产联系，科学合理地安排各类建筑物的位置配备。按养牛场经营方式和集约化程度，场内布局一般分 5 个区：生活区与生产管理区、生产辅助区、生产区、畜粪污水处理区和病牛隔离区。

（一）生活区与生产管理区

生活区在全场全年主导风向的上风处和地势最佳地段，可设在场区内，也可设在场外；行政管理区在上风处，要靠近大门口内侧集中布置，以便对外联系和防疫隔离；管理人员办公用房、技术人员业务用房、职工生活用房、人员和车辆消毒设施及门卫、大门和场区围墙要与生产区严格隔离。

（二）生产辅助区

主要布置供水、供电、供热、设备维修、物资仓库、饲料调制、贮存等设施，辅助区可设在管理区与生产区之间，其面积可按实际情况来决定，要适当集中，节约水电线路管道，缩短饲草饲料运输距离，便于科学管理。

（三）生产区

生产区是牛场的核心，应设在场区的较下风位置，生产区大门口要设置消毒室、更衣室和车辆消毒池，要能控制场外人员和车辆，使之不能直接进入生产区，出入人员和车辆必须经消毒室或消毒池进行严格消毒。

牛舍：要合理布局，牛舍应坐北朝南，坚固耐用，宽敞明亮，排水通畅，通风良好，能有效地排出潮湿和污浊的空气，夏季有防暑降温的设施，地面和墙壁应选用便于清洗消毒的材料。应分阶段分群饲养，如奶牛按泌乳牛群、干乳牛群、产房、犊牛舍、育成前期牛舍、育成后期牛舍顺序排列，各牛舍之间要保持30 m以上的距离，以便防疫和防火。

运动场：多雨地区宜设舍内运动场，干旱少雨地区宜设舍外运动场，舍外运动场应紧邻牛舍，长度与牛舍长度一致。运动场地面应防渗、防滑，相邻运动场栏杆的间距控制在5~8 m为宜。

(四) 粪尿污水处理区

畜粪处理要设在生产区的下风处，并尽可能远离牛舍，防止污水粪尿废弃物蔓延污染环境。应设置粪污处理设施设备，对牛粪宜采用干湿分离机进行干湿分离，对分离干粪应堆积发酵后及时清运还田，对粪水采用厌氧发酵（沼气）处理后还田，做到无害化处理、资源化利用。

(五) 兽医诊疗与病牛隔离管理区

应处于场区全年主导风向的下风向处和场区地势最低处，病牛隔离区必须与生产区保持300 m以上的距离，病死牛无害化处理设施距畜舍350 m以上。病牛隔离圈，设单独通道，便于消毒、污物处理等。病畜管理区要四周砌围墙，设小门出入，出入口建消毒池、专用粪尿池，严格控制病牛与外界接触，以免病原体扩散。兽医诊疗室应远离生产区，靠近病牛隔离区。与生产区的间距应满足兽医卫生防疫要求。

(六) 场内道路

养殖场的道路要求保证各生产环节联系方便，场内道路应符合坚固、不透水、不积水，便于清洗和消毒。分为净道和污道，净道和污道必须严格分开，不能交叉、共用。净道是牛群周转、场内工作人员行走、场内运送饲料的专用道路和饲喂通道；污道是除粪、废弃物运送出场的道路。

(七) 场区排水排污

1. 雨水（圈舍檐水及圈外来水的排水沟）设施设置

排水设施应设在道路两旁、牛舍檐口下方、圈舍外来水区域及运动场四周，以便有效收集并排放雨水。雨水沟应具有足够的坡度，使雨水能够迅速排出。多采用斜坡排水的方式，利用地形自然坡度，使水流顺畅排出。雨水经排水渠沟收集后，可直接排放或进行简单处理后利用。

2. 污水设施设置

污水沟（包括牛舍冲洗水、粪便污水等）应设在牛舍和运动场下方，以便收集牛舍冲洗水和粪便污水。污水沟应具有足够的深度和宽度，以确保污水能够顺畅排出。污水沟应定期清理，避免堵塞和滋生细菌。污水应经地下管网密闭排放至污水无害化处理设施，污水无害化处理设施可采用生物处理、化学处理或物理处理等方法。处理后的水质应达到国家相关排放标准，确保不对环境造成污染，经处理后达标资源化利用。

3. 设计原则

水污分流，应综合考虑地形、气候、养殖规模等因素，确保排水顺畅、雨污分离，便于资源利用和环境保护。通过科学合理的排水排污系统设计，可以维护牛场的环境卫生，减少疾病传播，提高养殖效益。

三、牛场的生物安全设施

牛场的生物安全设施是确保牛场健康、稳定运行的关键。通过加强物理隔离、区间防护措施、防鼠防鸟防蚊蝇设施、消毒设施以及其他生物安全设施的建设和管理，可以有效降低疫病传播风险，提高养殖效益。

1. 外部隔离防护措施

规模化牛场与外界之间的场界必须划分明确，以防止疫病传播和外来生物入侵。牛场四周应建有高 2~2.5 m 的实体围墙，围墙应坚固耐用，能够有效防止人员和其他动物翻越。如果条件允许，可以在场界四周设置防疫沟，并向内放水，以增强防疫效果。防疫沟的宽度和深度应根据实际情况设计，以确保其有效性。

2. 区间防护措施

牛场内部各区之间也需要设置相应的防护措施，以防止疫病在不同区域之间传播。

具体措施包括：场内各区之间可设置围墙，并结合绿化设置 20~50 m 的隔离林带；员工淋浴、更衣、消毒等员工防护设施建筑，确保员工在进入生产区前经过严格的消毒和防护处理；坡道包括横向坡和纵向坡，横向和纵向要有一定坡度，利于排污、清洗、消毒。

3. 防鼠防鸟防蚊蝇设施

牛场各圈舍、饲料存放车间等关键区域应设置防鼠、防鸟、防蚊蝇设施，以防止这些生物携带病原体进入牛场。

具体措施包括：确保圈舍和车间的门窗封闭严密，防止鼠类、鸟类和昆虫进入；在关键区域设置防鼠网，防止鼠类通过管道、电缆等缝隙进入；灭蚊蝇设备：安装灭蚊蝇灯、悬挂灭蚊蝇药物等，减少蚊蝇数量。

4. 消毒设施

消毒是牛场生物安全的重要环节。牛场大门、各区域入口处应设有消毒设施，以确保进入牛场的人员和车辆经过严格的消毒处理。具体措施如下。

（1）人员消毒设施：牛场大门处应设有超声雾化消毒室、脚踏消毒池、淋浴室、更衣室等防疫消毒设施。人员进入牛场前须经过淋浴、更衣和消毒处理。

（2）车辆消毒设施：在大门口和各区域大门之间设置供车辆出入用的消毒池和全方位喷雾消毒设备。消毒池的深度和长度应根据车辆车轮的周长进行设计，以确保车轮能够完全浸泡在消毒液中。喷雾消毒设备可以对车辆进行全面喷洒消毒。

5. 其他生物安全设施

除了上述设施外，牛场还应根据实际情况设置其他生物安全设施。设置病死牛无害化处理设施，确保病死牛得到及时、规范的处理；设置废弃物收集、储存和处理设施，防止废弃物对环境和牛群造成污染；建立疫病监测和预警系统，及时发现并处理潜在的疫病风险。

第二节　牛场的防疫管理

一、牛舍的防疫管理

（一）产房及犊牛的防疫管理

1. 产房的管理

（1）生产消毒：母牛生产完毕要及时清理胎衣、胎膜等污染物及废弃物，及时对地面栏杆彻底清洗后，进行消毒液喷雾并火焰焚烧消毒。

（2）日常消毒：进行喷雾消毒，对产房地面、墙壁、栏杆、屋顶进行彻底消毒。每周2次。

2. 犊牛的管理

进犊前的消毒：进犊前对犊牛岛、地面、栏杆充分喷洒消毒，金属栏杆、器具可采用火焰焚烧消毒。定期喷雾消毒：犊牛转入犊牛舍，两天1次喷雾消毒，夏天可直接对犊牛喷雾消毒，冬天气温较低时，向上喷雾，水雾要细。对饲喂犊牛的挤奶用具、投喂器及饲喂器具每次饲喂前必须进行严格消毒，严防垂直传播或通过饲喂器具水平传播。

（二）隔离圈舍的管理

隔离舍必须专人进行饲养管理，所用的设施、设备、器具不能与生产区的圈舍共用；隔离舍使用的饲料及物品必须使用专用车辆经单独设立的隔离舍专用通道运送，隔离舍的污物、垫料、医疗废弃物等必须经严格消毒后方可经专用污道运出；地面、饲槽、墙面采用2%的烧碱或其他有效消毒剂进行喷洒消毒，金属栏杆在喷洒消毒后再采用火焰焚烧消毒。

（三）后备及怀孕母牛圈的消毒

后备牛、怀孕母牛的生活环境必须保持卫生、干燥，并严格消毒。定期消毒，将饲槽、栏杆、卧床打扫干净，喷雾消毒，每周1次消毒。

（四）其他圈舍的防疫管理

育成牛舍、青年牛舍、成年牛舍应严格按规定进行清洗、消毒，对圈舍地面、栏杆、墙面采用2%的烧碱或表面活性剂（季铵盐类）氯制剂、碘制剂等有效消毒剂进行喷雾消毒。

（五）带畜消毒

定期用0.1%新洁尔灭、0.3%过氧乙酸、0.1%次氯酸钠等进行活体牛环境消毒。消毒时避免消毒剂污染到牛奶。

二、牛场场区防疫管理

牛场周围、场内污水池、下水道等部位采用漂白粉、2%烧碱、生石灰进行消毒，每15 d进行1次。场区道路消毒，应做好厂区环境卫生工作，经常使用高压水清洗，每周用2%烧碱、季铵盐类、氧化剂和卤素类消毒剂对厂区环境进行1~2次消毒。

三、挤奶厅与周围环境的防疫管理

（一）挤奶厅周围环境

每周使用2%氢氧化钠溶液或其他高效低毒消毒剂进行1次全面消毒。这一措施有助于减少环境中的病原体数量，降低奶牛感染疾病的风险。

（二）人员防疫管理

人员入口处设立消毒池，池内使用2%氢氧化钠溶液。所有进入挤奶厅的工作人员必须经过消毒池，以确保鞋底不携带病原体。

个人卫生：挤奶工作人员应保持良好的个人卫生习惯，经常修剪指甲，并在进入挤奶厅前穿戴整洁的工作服、工作鞋和工作帽。

手部消毒：工作人员在挤奶前应使用百毒杀等高效低毒消毒剂进行手部清

洗和消毒，以减少手上的病原体数量。

非工作人员管理：非挤奶工作人员禁止进入挤奶厅，以减少潜在的病原体传播风险。

（三）挤奶厅防疫管理

清洁与消毒：每批牛挤奶后，应对挤奶厅进行彻底清扫，并使用高压水枪进行冲洗。冲洗后，进行严格的喷雾消毒，确保挤奶厅的卫生安全。挤奶厅内部：挤奶厅内的排污池和下水道等区域，每 10~15 d 使用漂白粉、烧碱或其他高效消毒剂进行 1 次消毒，可以防止污物和病原体通过排水系统传播。

（四）用具防疫管理

挤奶用具：每批次牛挤奶后，使用专用消毒剂对奶桶、奶杯等挤奶用具进行彻底清洗和消毒，可以防止病原体通过挤奶用具传播给奶牛或牛奶。

（五）牛体防疫管理

进入挤奶厅前的消毒：奶牛进入挤奶厅时，应使用专用消毒液对牛体进行消毒，特别是对牛蹄进行消毒和药浴，有助于减少奶牛蹄部的病原体数量，降低蹄病的发生率；乳房清洁与消毒：挤奶前，应对奶牛乳房进行清洁并药浴消毒，可以减少乳房上的病原体数量，提高牛奶的卫生质量。

第三节　牛场的消毒管理

牛场的消毒管理对于保障牛群健康、预防疾病传播、提高生产效益以及维护公共卫生安全具有重要意义。卫生管理的好坏直接关系到牛群的健康状况和生产力水平的发挥。一个清洁、安全的环境能够有效减少病原微生物的滋生，从而降低牛群患病的风险。消毒能够杀灭或去除环境中的病原微生物，减少疾病传播的风险。

一、消毒有关的概念

环境消毒指杀灭或清除被病原体污染的场内环境、畜体表面、设备、水源等的病原微生物，切断传播途径，使之达到无害化，防止疾病发生和蔓延。在对环境消毒过程中，一般要进行无害化处理，不仅消灭环境中的病原微生物，而且要消灭其感染动物后排出的有生物活性的毒素。

二、消毒的重要性

1. 保障牛群健康

（1）减少病原体滋生：通过定期消毒，可以有效杀灭或去除牛舍、器具、环境等中的病原微生物，减少病原体滋生，从而降低牛群患病的风险。

（2）预防交叉感染：消毒能够切断病原体的传播途径，防止牛群间的交叉感染，特别是对于一些高传染性、高致死性的疾病，消毒管理显得尤为重要。

2. 预防疾病传播

（1）控制疫情扩散：在疾病发生时，通过紧急消毒措施，可以迅速杀灭环境中的病原体，控制疫情的扩散，减少经济损失。

（2）保护人类健康：牛场中的一些人兽共患疾病，如布鲁氏菌病、结核病等，可能对人类健康构成威胁。因此，加强牛场消毒管理，对于保护人类健康也具有重要意义。

3. 提高生产效益

（1）提升牛群生产性能：良好的消毒管理有助于维持牛群的健康状态，从而提升其生产性能，如增加产奶量、提高肉质等。

（2）减少经济损失：通过预防疾病的发生和传播，消毒管理能够减少因疾病导致的牛只死亡、治疗费用以及生产性能下降等经济损失。

4. 维护公共卫生安全

（1）保障食品安全：牛场是食品生产链中的重要环节，其卫生状况直接关系到食品安全。加强消毒管理，有助于减少食品中的病原微生物污染，保障食品安全。

（2）保护生态环境：合理的消毒处理能够减少牛场排放的污染物中的病原微生物含量，从而减轻对生态环境的污染。

三、消毒的种类

消毒是保证家畜健康和正常生产必要的技术措施。消毒按其进行的时间及性质，可分为经常性消毒、紧急消毒及终末消毒。

1. 经常性消毒

经常性消毒也称预防性消毒。为预防疾病的发生，对家畜养殖场周围环境、畜舍、工艺设施、家畜以及家畜经常接触到的一些器物进行消毒，以免家畜受到病原微生物的感染而发病。

2. 紧急消毒

疫源地紧急消毒。当发生畜禽传染病时，为及时消灭病畜排出的病原体、分泌物、排泄物，应对病畜接触过的圈舍、设备、物品、用具、被污染的场所以及病畜体、尸体等进行消毒。

3. 终末消毒

发生传染病后，根据我国相关法律法规，待全部家畜扑杀或处理完毕，对其所处周围环境最后进行的彻底消毒、杀灭和清除传染源遗留下的病原微生物，是解除对疫区封锁前的重要措施。

四、牛场的消毒方法

牛场的消毒方法包括三大类：物理消毒、化学消毒和生物性消毒。

（一）物理消毒法

牛场物理消毒是一种重要的疫病防控手段，它主要通过机械性清扫、冲洗、通风换气、照射、高温、干燥等物理方法，清除或杀灭环境和物品中的病原体。

1. 机械性清扫与冲洗

通过清扫和冲洗，可以去除牛舍、器具、环境等表面的污物、粪便、饲料残渣等，减少病原体的附着和滋生。定期对牛舍进行彻底清扫，使用高压水枪对牛舍地面、墙壁、器具等进行冲洗。

注意事项：清扫和冲洗应彻底，不留死角，同时要注意对清扫和冲洗产生的废弃物进行妥善处理，避免造成二次污染。

2. 通风换气

通过通风换气，可以降低牛舍内的湿度、减少有害气体的积累，改善牛舍环境，不利于病原体的滋生和传播。合理设置牛舍的通风设施，如窗户、通风扇等，保持牛舍内空气流通。在天气允许的情况下，应尽量开窗通风。

注意事项：通风换气应结合牛舍的结构、气候条件和饲养密度等因素进行合理调整，避免造成牛群应激。

3. 照射消毒

利用日光、紫外线等射线的辐射作用，杀灭环境中的病原微生物。将牛舍内的器具、垫料等物品放在阳光下暴晒，或设置紫外线灯对牛舍、入口等进行照射消毒。

注意事项：紫外线对人体皮肤有损害作用，因此在使用紫外线灯时应做好个人防护。同时，紫外线灯的照射强度和照射时间应达到消毒要求。

4. 高温灭菌

通过高温作用，使病原微生物中的蛋白质和核酸变性，从而失去生物活性，达到灭菌的目的。使用火焰喷枪对牛舍墙壁、地面、器具等进行火焰消毒，或使用高温蒸汽发生器对牛舍、器具等进行蒸汽消毒。

注意事项：高温灭菌时应注意防火安全，避免造成火灾事故。同时，高温消毒可能会对部分器具造成损害，因此在使用前应了解其耐高温性能。

（二）化学消毒法

牛场化学消毒法是一种利用化学消毒剂杀灭或去除环境中病原体的方法。

1. 消毒剂的选择

在选择消毒剂时，应考虑以下因素。

广谱性：消毒剂应能杀灭多种病原体，包括细菌、病毒、真菌和寄生虫等。

有效性：消毒剂在推荐使用浓度下应具有足够的杀菌能力。

安全性：消毒剂应对人畜无害，且在使用过程中不会产生有害的副产品。

稳定性：消毒剂应易于储存，且在储存过程中不会分解或失去活性。

经济性：消毒剂的成本应适中，以便于在牛场中广泛使用。

2. 常用消毒剂的种类

根据其化学特性不同分为：酚类、醛类、醇类、酸类、碱类、氯制剂、氧化剂、碘制剂、染料类、重金属盐类、表面活性剂等。应根据消毒对象和使用方法需要选择合适的药物，确保消毒效果。

常见的牛场消毒剂包括碱类消毒剂（2%氢氧化钠、生石灰）、季铵盐类消毒剂（百毒杀1∶500），含碘消毒剂（聚维酮碘1∶500），含氯消毒剂（次氯酸盐、二氧化氯、漂白粉）、过氧乙酸等。

3. 消毒方法

（1）喷雾消毒：使用喷雾装置将消毒剂喷洒到牛舍、器具、环境等表面。适用于大面积消毒，如牛舍内部、墙壁、地面等。喷雾消毒时应注意消毒剂的浓度和使用量，避免造成环境污染和牛群应激。

（2）浸泡消毒：将需要消毒的物品浸泡在消毒剂溶液中。适用于小型器具、工具等物品的消毒。浸泡消毒时应注意浸泡时间和消毒剂浓度，确保消毒效果。

（3）泼洒消毒：将消毒剂直接泼洒到地面、粪便沟等区域。适用于对牛舍地面、粪便沟等区域的消毒。泼洒消毒时应注意消毒剂的均匀分布和使用量，避免造成环境污染。

4. 消毒程序

(1) 清洁：在消毒前，应先对牛舍、器具等进行彻底清洁，去除污物、粪便等。清洁是消毒的前提，有助于提高消毒效果。

(2) 消毒：按照消毒剂的说明书或推荐浓度配制消毒液。使用合适的消毒方法对牛舍、器具等进行消毒。消毒过程中应注意个人防护，避免消毒剂对人体造成伤害。

(3) 通风换气：消毒完成后，应及时通风换气，降低牛舍内的消毒剂残留和有害气体浓度。通风换气有助于改善牛舍环境，减少牛群应激。

5. 注意事项

(1) 消毒剂浓度：应按照消毒剂的说明书或推荐浓度进行配制和使用，避免浓度过高或过低影响消毒效果。

(2) 个人防护：在使用消毒剂时，应穿戴好个人防护装备，如口罩、手套、防护服等，避免消毒剂对人体造成伤害。

(3) 消毒剂储存：消毒剂应储存在干燥、阴凉、通风的地方，避免阳光直射和高温环境导致消毒剂分解或失去活性。

(4) 消毒频率：应根据牛场的实际情况和消毒需求制定合理的消毒频率，确保消毒效果和牛群健康。

(三) 生物性（生物热）消毒法

生物性（生物热）消毒法是利用微生物分解有机质而释放出的生物热，温度可达60~70℃，各种病菌、病毒及虫卵等经数日即可相继死亡。这是一种最经济、简便有效的粪便消毒方法，常用于对患传染病和寄生虫病的家畜粪便的消毒。

五、牛场常用的消毒设备

畜养殖场的消毒方法主要有物理消毒、化学消毒和生物消毒。消毒设备也根据消毒的方法、性质有不同的种类。每种设备都有其特定的适用范围和消毒效果。牛场应根据自身实际情况和消毒需求，选择合适的消毒设备进行组合使用，以确保消毒工作的全面性和有效性。

(一) 专用高压清洗机

主要是冲洗畜养殖场场地、畜舍建筑、畜养殖场设施、设备、车辆、喷洒等。

(二) 喷雾消毒设备

(1) 喷雾器：这是牛场最常用的消毒设备之一，主要用于对牛舍、活动场、道路等区域进行喷雾消毒。喷雾器可以将消毒剂均匀喷洒在目标区域，达到杀灭病原体的目的。

（2）车载消毒机：这些设备通常具有较大的容量和射程，适用于大面积消毒。它们可以通过高压喷雾或远射程喷雾，将消毒剂均匀喷洒在牛场的各个角落。

（3）烟雾消毒设备：烟雾消毒设备通过产生烟雾状的消毒剂，弥漫到养殖场的各个角落，对空气中的病原微生物进行杀灭，同时也可对物体表面进行消毒。这种设备在养殖场中主要用于对大面积空间进行快速、高效的消毒。

（三）火焰消毒设备

利用汽油或煤油作燃料产生的高温火焰，对牛场的金属器具、墙角、设备等难以清洁的区域进行消毒。火焰消毒器可以快速杀灭病原体，特别适用于对热敏感的病原体。

（四）高温消毒设备

（1）煮沸消毒器：主要用于对小型医疗器械、工具等进行煮沸消毒。煮沸消毒器通常具有恒温控制功能，可以确保消毒温度稳定在100℃左右，达到杀灭病原体的效果。

（2）高压灭菌器：这是一种利用高温高压蒸汽进行灭菌的设备，适用于对医疗器械、培养基、生理盐水等进行灭菌处理。高压灭菌器具有灭菌速度快、效果可靠的特点。

（五）雾化消毒机

养殖场雾化消毒机主要用于养殖场的消毒工作，通过雾化技术将消毒液喷洒到空气中，对养殖场进行全面彻底的消毒，从而杀灭空气中的病原微生物，预防疾病的传播。这种设备主要用于人员消毒通道、车辆消毒和圈舍消毒。

（六）臭氧空气消毒机

养殖场臭氧空气消毒机主要用于养殖场的兽医室、大门口消毒室等关键区域的环境空气消毒。

（七）其他消毒设备

（1）紫外线消毒灯：通常安装在牛场的兽医室、器械室等区域，用于对空气和物体表面进行紫外线消毒。紫外线消毒灯可以破坏病原体的 DNA 或 RNA 结构，从而达到杀灭病原体的目的。

（2）消毒池：设置在牛场正门或牛舍门口，用于对进出的车辆和人员进行消毒。消毒池内通常装有消毒剂，可以有效杀灭车轮和鞋底携带的病原体。

（八）综合消毒设施

消毒室/消毒更衣室是牛场人员进出生产区前进行消毒的专门区域。消毒室内通常配备有地垫、消毒液、紫外线灯等设施，可以对进入牛场人员的鞋底、衣物等进行全面消毒。同时，消毒更衣室内还设有更衣设施，要求工作人员在进入生产区前更换工作服及鞋。

六、消毒原则

圈舍消毒前必须先对圈舍进行彻底清扫、清洗，将污物、垫料、粪便清理干净后，再进行消毒。消毒液用量要充足。墙面消毒要喷成水流状，墙面、地面要湿透。消毒液要交叉使用，每 1~2 个月要更换 1 种，不能一种消毒剂用到底。

第四节　牛场车辆防疫管理

在众多防疫环节中，车辆防疫管理往往容易被忽视，却扮演着至关重要的角色。车辆不仅是物资运输的主要工具，也是潜在病原体的携带者。一旦防疫措施不到位，病毒或细菌可能通过车辆进入牛场，引发疫情，对养殖场的生产效益和动物健康构成严重威胁，造成重大经济损失。强化车辆管理，构建完善的车辆出入与运输体系，成为养殖场病源控制的关键环节。确保养殖场内外车辆的规范运行，是阻断病原传播途径、维护养殖场生物安全的重要举措。

一、车辆防疫管理的基本原则

（一）预防为主，综合防控

车辆防疫管理的基本原则之一是预防为主、综合防控。需要综合运用物理、化学、生物等多种手段，形成立体防控网络。这要求牛场管理者不仅要关注车辆本身的消毒与清洁，还要加强对司机、押运人员等人员的健康管理，确保防疫工作无死角。

（二）严格消毒，确保安全

消毒是车辆防疫管理的关键环节。牛场应设立专门的消毒区域，对进出车辆进行全面、彻底的消毒处理。在选择消毒剂时，应定期更换种类，避免病原体产生抗药性。还应加强对消毒效果的监测与评估，确保消毒工作达到预期效果。同时，要确保消毒设施齐全、操作规范，以保证消毒效果可靠。

(三) 全程监控，信息可追溯

为了实现车辆防疫管理的精细化与智能化，牛场应建立完善的监控系统，对车辆进出、消毒、装卸等全过程进行实时监控。这可以确保防疫工作的每一个环节都得到有效监督和管理。同时，要建立详细的信息记录制度，确保每一辆车的防疫信息可追溯。这包括车辆的来源地、目的地、运输路线、消毒情况、装卸记录等信息。通过这些措施的实施，可以在疫情发生时迅速锁定源头，采取有效措施。

二、车辆出入管理制度

在养殖场管理中，车辆出入管理制度是确保生物安全、防止疾病传播的关键环节。严格限制非必要场外车辆进出场区，对于非必要的场外车辆，应实施严格的进出场区限制。执行严格的门卫管理和消毒制度。贩运牲畜车辆往往携带大量的病原体，是疾病传播的主要途径之一，养殖场应明确规定禁止贩运牲畜车辆进入场区。

(一) 提前预约与登记

为有效管理和控制车辆进出，确保牛场生产安全和动物疫情防控，牛场应建立严格的车辆进出预约登记制度。该制度要求所有进入牛场的车辆必须在规定的时间内向牛场管理部门提交详细的进出申请。从源头控制可能带来的疫情风险，保障牛场内部动物群体的健康和安全生产秩序。

(二) 车辆消毒与检查

在车辆进入牛场之前，消毒人员须严格按照国家及牛场内部的防疫标准，操作专用的消毒设备和试剂，对车辆的全身进行彻底、均匀的喷洒消毒处理，确保覆盖到车轮、车厢底部、车身表面以及内部空间等所有可能携带病菌或病毒的部位。

消毒工作并非独立环节，它须与车辆检查紧密结合。消毒前，工作人员应对车辆整体状况进行全面细致的检查，对于查出的任何破损、污染物残留或其他不符合防疫标准的问题，牛场有权拒绝该车辆进入场区。

(三) 车辆离开牛场的再次消毒与检查

在车辆即将离开牛场之前，严格的防疫措施要求对其进行全面而细致的再次消毒与检查。消毒工作应涵盖车辆内外各个角落，包括但不限于车厢内部、轮胎、底盘以及可能接触到的所有物体表面。消毒人员须采用符合防疫标准的高效消毒剂，按照科学合理的比例进行。

三、车辆在牛场内的防疫管理

(一) 行驶路线与区域限制

在牛场内部,为了最大限度地减少车辆活动对牛群和牛场环境造成的压力和污染,同时确保将疾病传播的风险降至最低,应当科学合理地规划并严格执行车辆行驶路线与区域限制。应根据车辆类型和作业需求,设计出详尽且特定的行驶路线,要明确规定车辆不得随意进入或停留在非指定区域,以免破坏牛场原有的生物安全格局。

为了有效区分和界定车辆行驶路径,牛场应在场内关键节点设置醒目易懂的标识牌,包括但不限于路标指示、限行标志、隔离带等,确保每一位进入牛场的驾驶员都能清楚了解自己的行进方向和禁止进入的区域。在可能引发交叉感染的关键节点,如不同养殖区交界处、粪污处理区等位置,应设置坚固且易于清洁的隔离设施,如封闭式隔离栏、消毒池等,以防止车辆携带病原体进入敏感区域。

(二) 装卸过程中的防疫操作

在装卸物资的过程中,为降低疫情风险,牛场应要求所有进入场区的司机及随车人员严格遵守并佩戴防护用品,包括但不限于口罩、手套、防护服等,确保个人卫生达到防疫标准。同时,针对装卸的各类物资,无论是原料、饲料还是设备配件等,都应在装车前进行全面严格的检查和消毒处理,采用符合国家相关标准的消毒剂进行彻底喷洒或擦拭,消除可能附着的病原体。

装卸作业完成后,牛场须立即启动清洁与消毒程序,对刚刚完成装卸作业的区域进行深度清理,包括清除散落的物料、杂物以及可能存在的污染物,随后使用高效消毒剂进行全面喷洒消毒,确保无死角覆盖整个作业面,最大限度地消除潜在病原微生物的存在风险。确保车辆在装卸物资过程中既满足生产需求又严格遵守防疫要求,有力保障牛群健康和牛场生产的安全稳定。

(三) 废弃物与污染物的处理

在车辆运输过程中产生的废弃物与污染物的管理是防疫工作的重要一环。牛场应专门设立废弃物收集与处理区域,该区域应配备必要的设施设备,如封闭式垃圾箱、废水收集管道等,用于分类收集并妥善处理车辆运输过程中产生的各类垃圾和废水。

四、淘汰牛运输车辆管理

淘汰牛运输车辆作为牛处理过程中的重要环节,其卫生状况和防疫措施直接关系到疾病防控的效果和牛群的健康。在运输淘汰牛前，必须对车辆进行全面彻底的清洗和消毒工作，确保车厢内外洁净无残留物，尤其是对车辆内部结构、底部及通风口等易积聚污物和病菌的部位进行彻底清洁与消毒处理。

五、消毒方式

（一）车轮消毒

消毒池池长为车轮 1.5 个周长以上，采用 2% 的烧碱溶液，消毒液深度 15~20 cm。每天添加适量的消毒液，维持消毒液有效浓度，7 d 更换 1 次。

（二）喷雾消毒

采用碘酸 1∶500、百毒杀 1∶500 或 3A 消毒剂 1∶800 等消毒剂。所有进入牛场非生产区或生产区的车辆须严格消毒，车辆的挡泥板和底盘等须喷透，车厢底板、边板及驾驶室等必须严格喷洒消毒。

第五节　人员管理

在畜牧养殖中，人员管理是决定生产安全与效率的关键因素。为了有效防范疾病传播，尤其是针对牛结核病等传染病，加强人员管理显得尤为重要。这不仅关乎养殖场的生物安全，更直接影响到养殖业的可持续发展。通过实施严格的人员管控策略，能够显著降低外部病原体带入的风险，确保养殖环境的纯净。

一、严格管控到访人员

（一）减少无关人员入场

在疾病防控的总体策略中，对到访人员的严格管控是一项至关重要的环节。为了最大限度地减少疾病传播的风险，养殖场应实行严谨的人员准入制度，坚决杜绝无关人员的随意进出。对于技术指导、业务交流等必要访问情况，应明确告知其相关的防疫规定和必须遵守的流程，确保所有来访人员都能够从源头上认识到防控工作的重要性并自觉配合。

（二）外来人员入场消毒流程

对于外来人员还须执行一套更为严谨的消毒流程。在进入养殖场前必须进行严格的手部消毒处理，佩戴符合标准的口罩，穿防护服，并更换专用的鞋套或消毒鞋底，以最大限度地降低携带病菌进入内部区域的风险。要求访客在入场后尽量避免直接接触牛群或其他动物，并通过合理的路线规划和区域限制来实现这一目标。

（三）进牛舍前的消毒措施

对于需要深入牛舍内部的工作人员，除了上述的消毒流程外，还应设置专门的消毒通道，确保人员在进入牛舍前能够进行全面、彻底的消毒。通过更衣、淋浴、更换牛场不同区域的专用服装后，人员还需穿戴专用的防护服、手套和口罩等个人防护装备方可进入。

二、加强返场人员管理

（一）员工返场消毒流程

为了确保养殖场的环境卫生和安全，在返场时，必须执行严格的消毒流程。员工须在指定区域更换衣物，并对全身进行喷洒消毒，使用专业的消毒设备和药物，确保全身无死角地被消毒液覆盖。

（二）衣物熏蒸消毒与清洁

员工的衣物也是潜在的疾病传播媒介。因此，养殖场应设置衣物浸泡、熏蒸消毒设备，对员工衣物进行定期消毒。同时，要求员工在工作期间穿着专用工作服，并定期对工作服进行清洗和消毒，保持工作服的清洁和卫生。

三、牛结核病发生时的人员管理

（一）封场措施及管理工作制度

在养殖场内发现牛结核病疫情，为了最大限度地降低牛结核病传播风险，首要措施是迅速实施封场，即暂时关闭养殖场，养殖场应暂停员工的休假和外出活动，所有非必要的工作人员均不得进入养殖区，减少人员流动带来的牛结核病传播可能性，确保牛结核病得到有效控制。确对于因生产、安全或其他必要原因必须进入养殖区的员工，实行严格的出入登记和审批制度，并在进入前进行全面的防疫知识培训，确保其了解并遵守所有的防疫规定和操作规程。进入养殖场前，必须佩戴符合标准的个人防护装备，如防护服、口罩、护目镜、手套等，并在离开养殖区后及时更换和清洗消毒。对于连续在岗的员工，应定期进行健康监测，以及提供必要的心理辅导和支持，帮助他们平稳度过疫情期。

（二）风险评估与应对措施

为了更好地应对牛结核病带来的风险和挑战，养殖场应定期进行风险评估。这包括对牛结核的传播途径、易感人群以及可能的影响因素进行全面分析。根据评估结果，制定相应的应对措施，包括加强消毒力度、提高员工的防护意识、优化工作流程等措施。

四、禁止携带特定食品入场

为了有效防止疾病传播和交叉感染，养殖场应严格规定员工不得携带偶蹄动物（牛、羊和猪等）肉及其任何制品进入养殖区域。动物肉产品包括但不限于生肉、熟肉、各种肉制品，以及含有偶蹄动物肉成分的加工食品。此外，针对此类规定，养殖场应加强宣传教育，定期组织培训活动，提高员工对食品安全和防疫规定的认识和理解，确保每位员工都能严格遵守相关规定。

五、健康管理

（一）健康上岗

场内职工应取得健康合格证后方可上岗工作，定期进行健康检查并建立健康档案，确保在岗人员健康。患人兽共患病者不得进入生产区，对感染人员及时在场外就医治疗。

（二）生产人员传染病检测与健康管理

确保生产人员的健康和安全是养殖场运营的基础，因此，养殖场应建立完善的生产人员传染病检测与健康管理制度。对于检测结果异常的员工，养殖场应立即启动应急预案，同时通知疾控部门进行进一步处理。通过定期举办健康知识讲座、发放宣传资料等方式加强对员工的健康教育和培训工作，提高员工的自我防护意识和能力，养成良好的个人卫生习惯，从而降低疾病传播的风险。

六、人员消毒方式

（一）体表消毒

人员须走专用消毒通道，采用超声雾化装置在人员进入通道时使消毒剂雾化，超声雾化通道消毒 3 min，人员全身黏附一层薄薄的消毒剂气溶胶，能有效地杀灭外来人员携带的各种病原微生物。消毒剂可用碘酸 1:500、百毒杀 1:500 或 3A 消毒剂 1:800，两个月轮换 1 次。

（二）鞋底消毒

人员通道地面应做成浅池型，池中垫入有弹性的室外型塑料地毯，每天适量添加，每周更换 1 次。百毒杀 1:500 稀释、菌毒灭 1:300 稀释、2% 烧碱等消毒剂 1~2 个月互换 1 次。几种消毒剂两个月更换 1 次。人员应穿上生产区的胶鞋或其他专用鞋,通过脚踏消毒池(消毒桶)进入生产区。

(三) 人手消毒

用季铵盐类消毒剂(如百毒杀 1∶500)、含碘消毒剂(聚维酮碘 1∶300)溶液,浸泡手部 3 min 后,再用水冲洗。

第六节　兽医卫生管理

兽医卫生管理直接关系到牛群的健康、生产效益以及食品安全,是一套对动物卫生、疾病防控、药物使用、兽医产品质量及兽医卫生监督等方面进行全面管理和监督的体系和制度。它是确保牛场生产健康、安全、高效的重要环节,有效防止和控制动物传染性疾病的传播,在源头上保障牛场的生物安全。

一、牛场环境管理

绿化环境:在牛场内外种植树木花草,不仅可以美化环境,还能净化空气,防止扬尘,减少通过空气传播疾病的机会。

水源管理:牛场应具备丰富、优质的水源,并防止污水和有害气体的侵害。

防鼠灭虫:定期灭鼠,防止老鼠等成为传染疫病的媒介。

动物管理:牛场应严禁饲养除牛以外的其他动物,如猫、狗等,以防止它们成为人兽共患疾病的传播媒介。对于必须饲养的狗等动物,应远离牛舍固定饲养,并及时清理和管理其粪便。

粪便处理:每天清理的粪便应在固定地点堆积发酵,以防止成为滋生蚊蝇的场地。

二、牛舍卫生管理

清洁消毒:牛舍应保持清洁、卫生、干燥,定期进行消毒。春夏季、初秋每周消毒 1 次,冬季每月消毒 1 次。消毒可使用氢氧化钠溶液、福尔马林溶液、来苏儿等消毒剂。在清理粪便后,应及时进行消毒处理,防止粪便成为滋生蚊蝇的场地。

通风换气:牛舍应保持良好的通风换气条件,既可减少致病菌生存,也给家畜提供一个良好的生活环境。

温度控制:冬季应注意保温,产房最好保持在 5℃ 以上;夏季应防止高温,当气温超过30℃时,应搭凉棚或向牛体洒水降温。

三、饲料与饲养管理

饲料品质:确保饲料品质良好,无霉烂变质。霉变的饲料可能导致牛中毒或引发疾病。

饲养规范:制定并执行规范的饲养管理制度,确保牛得到合理的营养和饲养环境。

四、疾病防控与检疫

疫苗接种:坚持以防为主的原则,根据实际情况制定兽医防疫程序,春秋两季及时做好疫苗接种工作。对新购入的种牛,应先进行疫情调查,购入后隔离观察并进行相关疾病的检疫,确认健康后才能进入牛舍。

驱虫计划:每年春秋两季针对本地区或本场的寄生虫病流行情况,进行一次全群体内和体外药物驱虫。

隔离观察:对可疑病牛或病牛应及时隔离观察,及时治疗或淘汰。治愈的牛经消毒后方可并入牛群。

监测预警:建立完善的动物疫病监测和预警系统,及时发现和报告疫情。对动物疫病实行分类管理,重点区域实施严格的防控措施,防止疫病传播。

五、兽医卫生监督与管理

制度建设:建立健全牛场兽医卫生管理制度,明确各级管理部门的职责和权限。

人员培训:定期对兽医从业人员进行培训和考核,提高他们的专业水平和兽医卫生管理意识。

监督检查:加强对牛场兽医卫生管理工作的监督检查力度,确保各项管理制度得到有效执行。对违法违规行为进行严厉打击。

六、生物安全防控

控制人员流动:禁止无关人员进入饲养区,对进出人员、物资、运输车辆等做好清洗消毒工作。

防止交叉感染:养殖人员应定期进行健康检查,防止携带病原微生物进入牛舍。

加强疫病监测:定期对牛群进行疫病监测,如布鲁氏菌病、结核病、口蹄疫等，及时发现并处理异常情况。

七、培训与宣传

定期培训：定期对养殖人员进行疫病防控技术培训，提高他们的疫病防控意识和技能水平。

邀请专家指导：邀请专家举办讲座和现场指导，解决养殖过程中遇到的疫病防控问题。

普及疫病防控知识：利用宣传栏、广播、网络等渠道，向养殖人员普及疫病防控知识，提高他们的自我防护能力。

第七节 无害化处理

一、牛结核病阳性牛的无害化处理

对于牛结核病阳性牛，应按照《病死及病害畜产品无害化处理管理办法》《病死及病害动物无害化处理技术规范》等相关规定进行无害化处理，以防止疾病传播。结核病属于人兽共患病，在牛场规模化、集约化养殖模式发展的同时，国家对结核病死牛的处理、环境保护等方面提出了更高的要求。

（一）专业无害化处理公司进行集中处理

牛场出现结核病病死牛，要第一时间联系周边无害化处理公司，交由专业集中无害化处理公司，将病死牛拉走进行专业无害化处理。

（二）牛场自行无害化处理

适用周边没有专业无害化处理公司的奶牛场，要自行对病死牛进行无害化处理，对污染的场地采用漂白粉、烧碱、生石灰进行严格消毒，对污染的栏杆应在消毒液喷洒后进行火焰消毒。

二、牛场医疗垃圾的无害化处理

（一）牛场医疗垃圾的定义与分类

牛场医疗垃圾是指在牛场诊疗、预防、保健、实验室诊断以及其他相关活动中产生的具有直接或间接感染性、毒性及其他危害性的废弃物。这些废弃物主要有如下几种。

感染性废弃物：如患病动物的排泄物、污染的物品、废弃的血液和血清、剖检动物的组织和器官、病原体的培养基、标本以及使用过的一次性医疗用品等。

损伤性废弃物：如手术刀、解剖刀、剪子、注射器以及玻璃碎片等。

药物性废弃物：如过期的一般药物、废弃的疫苗等。

化学性废弃物：如废弃的化学试剂、化学消毒剂以及温度计等。

（二）牛场医疗垃圾的无害化处理方式

1. 焚烧处理

焚烧是一种高温处理方法，可以有效杀死病原体和寄生虫卵，同时减少医疗垃圾的体积和重量。焚烧过程中产生的烟雾和灰烬需要妥善处理，避免对环境和人类健康造成危害。焚烧设施应符合国家相关标准和规定，确保处理效果和安全性。

2. 化学消毒处理

使用化学消毒剂对医疗垃圾进行消毒处理，可以杀死大部分病原体和寄生虫卵。消毒后的医疗垃圾可以进一步进行填埋或焚烧处理。消毒剂的选择和使用应符合国家相关标准和规定，避免对环境造成污染。

3. 生物处理法

生物处理法是利用微生物的分解作用将医疗垃圾转化为无害物质的方法。这种方法适用于处理一些有机成分较高的医疗垃圾，如动物组织、血液等。生物处理过程需要严格控制温度、湿度和微生物种类等条件，以确保处理效果。

4. 安全填埋处理

对于一些无法焚烧或化学消毒处理的医疗垃圾，可以选择安全填埋处理。填埋场应选址在远离水源、居民区和交通要道的地点，并符合相关标准和规定。填埋过程中需要采取防渗、防漏等措施，避免对土壤和地下水造成污染。

（三）牛场医疗垃圾无害化处理的注意事项

分类收集：医疗垃圾应分类收集，避免不同种类的废弃物混合在一起。分类收集有助于减少处理难度和提高处理效率。

专人管理：牛场应设立专人管理医疗垃圾，负责收集、运输和处理工作。管理人员应接受专业培训，了解医疗垃圾的危害性和处理方法。

记录与监控：对医疗垃圾的处理过程应进行记录和监控，确保处理效果符合相关标准和规定。记录内容应包括医疗垃圾的种类、数量、处理方法、处理时间等信息。

安全防护：在处理医疗垃圾时，工作人员应穿戴适当的防护用品，如手套、口罩、防护服等。避免直接接触医疗垃圾，防止病原体和寄生虫卵的传播。

第四章　牛结核病的净化

第一节　动物疫病净化与无疫小区创建的意义

一、动物疫病净化

(一) 动物疫病净化的概念

动物疫病净化是指有计划地在特定区域或场所对特定动物传染病通过监测、检验检疫、隔离、扑杀、销毁等一系列技术和管理措施最终达到在该范围内动物个体不发病和无感染状态。

具体来说，动物疫病净化是一个综合性的过程，它涉及免疫、监测、检疫、隔离、消毒、淘汰、扑杀、无害化处理等一系列技术和管理措施。这些措施的共同目标是消灭和清除病原，确保在特定区域内动物个体的健康和安全。

从狭义的角度来看，动物疫病净化主要针对的是养殖场，尤其是种用动物或规模化养殖场。通过检测、监测发现患病动物或感染动物，并淘汰这些动物，从而根除某种动物疫病。而从广义的角度来看，动物疫病净化则涵盖了更广泛的区域和措施，包括通过监测、检验检疫、隔离、培育健康动物、强化生物安全等综合措施，在特定区域消灭某种动物疫病。

(二) 实施动物疫病净化的背景及意义

1. 动物疫病净化的背景

(1) 动物疫病对农业和经济的负面影响：动物疫病的暴发会导致畜禽大量死亡，给养殖业带来巨大损失；疫病还可能影响畜产品的质量和安全，进而影响消费者的信任度和市场需求；疫病的防控和治疗需要投入大量的人力、物力和财力，增加了养殖成本。

(2) 保障人类食品安全的需要：许多动物疫病可以通过食品链传播给人

类，对人类的健康构成严重威胁；实施动物疫病净化，可以减少动物疫病向人类的传播风险，保障人类食品安全。

（3）法律法规的要求：《中华人民共和国动物防疫法》等法律法规明确规定，要加强动物疫病的防控工作，实施动物疫病净化。

（4）畜牧业高质量发展的需求：畜牧业是我国的重要产业之一，其高质量发展对于保障国家粮食安全和促进农民增收具有重要意义；实施动物疫病净化，可以提高畜禽的健康水平和生产性能，进而促进畜牧业的高质量发展。

2. 动物疫病净化的意义

（1）减少疫病发生和传播风险：通过实施动物疫病净化，可以在特定场群或区域内消灭动物疫病，降低疫病的发生和传播风险；这有助于保护畜禽的健康和安全，减少因疫病导致的死亡和损失。

（2）提高畜禽生产性能和产品质量：净化后的畜禽群体健康水平提高，生产性能也会相应提升；这有助于生产出更加优质、安全的畜禽产品，满足消费者的需求。

（3）促进畜牧业转型升级：实施动物疫病净化是推动畜牧业转型升级的重要举措之一；通过净化疫病，可以提高畜牧业的整体素质和竞争力，促进畜牧业的可持续发展。

（4）助力乡村振兴战略实施：畜牧业是农村经济的重要组成部分，实施动物疫病净化有助于促进农村经济的发展和繁荣；这有助于增加农民的收入，提高农民的生活水平，助力乡村振兴战略的实施。

（5）维护公共卫生安全：动物疫病净化不仅关乎畜禽的健康和安全，还与人类的公共卫生安全密切相关；通过减少动物疫病向人类的传播风险，可以维护公共卫生安全和社会稳定。

二、无规定动物疫病小区

（一）无规定动物疫病小区概念

无规定动物疫病小区指处于同一生物安全管理体系下的养殖场区，在一定期限内没有发生一种或几种规定动物疫病的若干动物养殖和其他辅助生产单元所构成的特定小型区域。其生物安全指为降低动物疫病传入和传播风险，采取的消毒、隔离和防疫等措施，严格控制调入动物、运输工具、生产工具、人员、饲料等传播疫情疫病的风险，建立防止病原入侵的多层屏障，达到预防和控制动物疫病的目的。

生产单元指无规定动物疫病小区内处于同一生物安全管理体系下的畜禽养

殖场及孵化、屠宰、产品加工、饲料生产、无害化处理等场所；生物安全管理体系指遵循风险管理基本原则，通过制订生物安全计划、实施生物安全措施，并持续维持生物安全状态的所有管理制度。

（二）实施无规定动物疫病小区创建的背景及意义

1. 实施无规定动物疫病小区创建的背景

（1）动物疫病防控需求：随着全球动物贸易的频繁和动物疫情的复杂多变，动物疫病的防控工作面临严峻挑战。为了有效控制和预防动物疫病的传播，各国纷纷采取措施加强动物疫病防控工作，而无规定动物疫病小区的创建就是其中一项重要举措。

（2）国际贸易需求：在国际贸易中，动物及动物产品的质量和安全性越来越受到重视。为了满足国际市场对高质量、安全可靠的动物产品的需求，各国需要提高动物疫病的防控水平，确保出口的动物产品符合国际标准。

（3）国内法律法规要求：根据《中华人民共和国动物防疫法》等法律法规的规定，国家鼓励和支持建立无规定动物疫病区，以提高动物疫病的防控水平，保障公共卫生安全和人体健康。

2. 实施无规定动物疫病小区创建的意义

（1）保障动物健康与养殖业发展：通过创建无规定动物疫病小区，可以在特定区域内实施严格的动物疫病防控措施，确保动物健康，进而保障养殖业的稳定发展。这有助于降低动物疫病对养殖业的冲击，提高养殖效益和市场竞争力。

（2）防控人兽共患传染病：无规定动物疫病小区的创建有助于预防和控制那些对人类和动物都构成威胁的传染病，从而保护公共卫生安全，减少疫病对人类社会的冲击。

（3）提升动物产品质量与国际贸易竞争力：无规定动物疫病小区的建立意味着该区域内的动物产品更加安全、可靠。这不仅有助于提高消费者对动物产品的信心，还能增强动物产品在国内外市场上的竞争力。特别是在国际贸易中，来自无规定动物疫病小区的动物产品往往更受欢迎，有助于提升我国动物产品的国际形象和市场份额。

（4）促进区域经济发展与生态平衡：无规定动物疫病小区的建立还能带动相关产业的发展，如饲料、兽药、养殖设备等，从而促进区域经济的增长。同时，通过减少疫病的发生和传播，有助于维护生态平衡，保护生物多样性。

第二节 牛结核病净化场创建的要求与条件

一、奶牛场牛结核病净化标准

同时满足以下要求,视为达到净化标准:奶牛群抽检,牛结核菌素皮内变态反应阴性;连续两年以上无临床病例。

二、抽样检测方法

净化评估专家负责设计抽样方案并监督抽样,所在地各级动物疫病预防控制机构配合完成。

牛结核病净化评估检测项目:免疫反应。

方法:牛结核菌素皮内变态反应(或 γ-干扰素体外检测法)。

抽样种群:成年牛。

抽样数量:按照证明无疫公式计算($CL=95\%$,$P=3\%$)。

随机抽样:覆盖不同栋牛群。

样本类型:牛体(或肝素钠抗凝全血)。

三、现场综合审查

(一)国家级动物疫病净化场现场综合审查

依据《奶牛场主要疫病净化现场审查评分表》开展现场综合审查并打分。必备条件全部满足,总分不低于90分,且关键项(*项)全部满分,为国家级动物疫病净化场现场综合审查通过。

(二)省级动物疫病净化场现场综合审查

依据《奶牛场主要疫病净化现场审查评分表》开展现场综合审查并打分。必备条件全部满足,总分不低于80分,且关键项(*项)全部满分,为省级动物疫病净化场现场综合审查通过。

四、现场综合审查要点

(一)必备条件

作为规模化奶牛场主要动物疫病净化场入围的基本条件,其中任意一项不符合条件,不予入围。

1. 土地使用符合相关法律法规与区域内土地使用规划

我国支持和鼓励养殖业的规模化、产业化、标准化发展，同时要求养殖用地符合当地土地利用规划，并符合相关法律法规要求。

评估要点：现场查看有关部门出具的土地使用协议、备案手续或建设规划证明。养殖场不在法律法规规定的禁养区域，符合当地国土部门制定的土地规划。场址位置符合地方政府关于禁养区、限养区管理的相关规定。

2. 畜牧兽医主管部门备案登记证明

我国畜禽养殖场实行备案制度。应具有县级以上畜牧兽医主管部门备案登记证明，建立养殖档案。

评估要点：查看县级以上畜牧兽医行政主管部门的备案登记材料，并初步了解养殖档案信息，确认至少涵盖以下内容：家畜品种、数量、繁殖记录、标识情况、来源、进出场日期；投入品采购、使用情况；检疫、免疫、消毒情况；家畜发病、死亡和无害化处理情况；家畜养殖代码；农业农村部规定的其他内容。

3. 动物防疫条件合格证

根据《中华人民共和国动物防疫法》及《动物防疫条件审查办法》，应具有县级以上畜牧兽医主管部门颁发的《动物防疫条件合格证》，动物饲养场应符合《动物防疫条件审查办法》所规定的动物防疫条件，并取得《动物防疫条件合格证》。养殖场2年内无重大动物疫病和产品质量安全事件发生。

评估要点：查看养殖场《动物防疫条件合格证》、无重大动物疫病以及产品质量安全相关记录。

4. 有病死动物和粪污无害化处理设施设备

《中华人民共和国畜牧法》规定，畜禽养殖场应有与畜禽粪污无害化处理和资源化利用相适应的设施设备；《畜禽规模养殖污染防治条例》规定，畜禽养殖场、养殖小区应当根据养殖规模和污染防治需要，建设相应的畜禽粪便、污水与雨水分流设施设备，畜禽粪便、污水的贮存设施设备，粪污厌氧消化和堆沤、有机肥加工、制取沼气、沼渣沼液分离和输送、污水处理、畜禽尸体处理等综合利用和无害化处理设施设备。已经委托他人对畜禽养殖废弃物代为综合利用和无害化处理的，可以不自行建设综合利用和无害化处理设施设备。

评估要点：现场查看养殖场病死动物和粪污无害化处理设施设备，以及相关文件记录。

5. 奶牛存栏500头以上

奶牛场奶牛的数量是其规模化养殖的体现和证明。

评估要点：查看养殖场养殖档案等相关文件或记录。

（二）人员管理

1. 建立净化工作团队

应建立净化工作团队，动物疫病净化是一项长期性、系统性的工作，应由养殖场主要负责人牵头组建净化工作团队，并有名单和明确责任分工等证明材料，应有员工管理制度。确保净化各项措施有效落实。

评估要点：查阅净化工作团队名单、责任分工等相关证明材料。查阅员工管理制度。

2. 动物疫病技术负责人

全面负责疫病防治工作的技术负责人应具有畜牧兽医相关专业本科以上学历或中级以上职称，从事养牛业3年以上。养殖场应建立岗位管理制度，明确岗位职责，从业人员应取得相应资质。疫病防治工作技术负责人，专业知识、从业经验、能力和水平关系到养殖场疫病净化的实施和效果，应对其专业素质做出明确规定。

评估要点：查阅技术负责人档案及相关证书，并询问其工作经历。

3. 应有员工疫病防治培训制度和培训计划，有员工培训考核记录

养殖场应建立培训制度，制订培训计划并组织实施。直接从事种畜禽生产的工人需要经过专业技术培训，熟练掌握相应的生产基本知识和技能，养殖场应安排资金用于员工职业技术培训。为评价培训效果，了解员工对各项管理制度、生产规程、技术规范等的知悉和掌握程度，应进行必要的培训考核。

评估要点：查阅员工培训制度及近1年员工培训计划。查阅近1年员工培训考核记录，重点查看各生产阶段员工培训考核记录。

4. 养殖场从业人员应有（布鲁氏菌病、结核病）健康证明

养殖场应建立职工健康档案；从业人员每年进行1次健康检查并获得健康证；奶牛场员工应确认无结核病、布鲁氏菌病及其他传染病。同时，要求饲养人员应具备一定的自身防护常识。

评估要点：现场查阅养殖场从业人员，特别是与生产密切相关岗位人员的健康证明。

5. 牛场须有执业兽医

本场专职兽医技术人员至少1名获得《执业兽医师资格证书》，并有专职证明材料（如社保或工资发放证明等）。按照《兽用处方药和非处方药管理办法》《执业兽医和乡村兽医管理办法》等要求，养殖场应聘任专职兽医，本场兽医应获得执业兽医资格证书。

评估要点：现场查看养殖场专职兽医的《执业兽医师资格证书》和专职证明性记录（如社保或工资发放证明）。

（三）结构布局

1. 养殖场位置独立

按照《动物防疫条件审查办法》等要求，畜禽场选址应符合环境条件要求，并与主要交通干道、生活区、屠宰厂（场）、交易市场等容易产生污染的单位保持必要的距离或有效隔离。《动物防疫条件合格证》发证机关组织开展选址风险评估，根据评估结果确认选址。

养殖场与主要交通干道、居民生活区、生活饮用水源地、屠宰厂（场）、交易市场隔离距离要求见《动物防疫条件审查办法》。

评估要点：现场查看养殖场场区位置与周边环境。如开展过动物防疫条件审查选址风险评估，需查看风险评估报告。

2. 场区周围应有围墙、防风林、灌木、防疫沟或其他物理屏障等隔离设施或措施

防疫隔离带是疫病防控的基础性组成部分，按照《动物防疫条件审查办法》等要求，奶牛场周围应有绿化隔离。

评估要点：现场查看防疫隔离带。防疫隔离带可以是围墙、防风林、灌木、防疫沟或其他的物理隔离形式，有利于切断人员、车辆的自由流动。

3. 养殖场明显位置应有防疫警示标语、警示标牌等防疫标志

防疫标志是疫病防控的基础性组成部分。养殖场应设置明显的防疫警示标牌，禁止任何来自可能染疫地区的人员及车辆进入场内。

评估要点：现场查看防疫警示标语、标牌。

4. 办公区、生活区、生产区、粪污处理区和无害化处理区应严格分开，界线分明

场区设计和布局应符合《动物防疫条件审查办法》等规定，设计合理，布局科学。生产区与生活办公区分开，并有隔离设施。生产区与污水处理区、病死牛无害化处理区等高风险区域有效隔离是保证牛场生物安全的有效手段。生产区距离其他功能区 50 m 以上或通过物理屏障有效隔离。

评估要点：现场查看养殖场布局。生活区应在场区地势较高上风处，与生产区严格分开，距离 50 m 以上；辅助生产区设在生产区边缘下风处，饲料加工车间远离饲养区，草垛与牛舍间距 50 m 以上；粪污处理、无害化处理、病牛隔离区（包括兽医室）分别设在生产区外围下风地势低处，用围墙或绿化

带与生产区隔离，隔离区与生产区通过污道连接。另外，病牛隔离区与生产区距离 300 m 以上，粪污处理区与功能地表水体距离 400 m 以上。

5. 应有独立的挤奶厅或自动化挤奶设施设备

挤奶厅的设计和规模应符合《奶牛标准化规模养殖生产技术规范》等要求，贮运应按有关法规规定取得许可证。

评估要点：现场查看挤奶厅规模和运行，查看生鲜乳生产、贮运相关许可及实际情况，查看挤奶操作过程。

6. 场内净道与污道应分开，如存在部分交叉，应有规定使用时间和科学有效的消毒措施等

生产区净道与污道分开是切断动物疫病传播途径的有效手段。按照《动物防疫条件审查办法》规定，生产区内净道、污道分设，净道与污道应分开，污道在下风向。粪污处理和病畜隔离区应有单独通道；运输饲料的道路与污道应分开；挤奶厅、生鲜乳运输应有专用的运输通道，不可与污道交叉。

评估要点：现场查看净道、污道设置。

(四) 栏舍设置

1. 生产区有犊牛舍、育成（青年）牛舍、泌乳牛舍、干奶牛舍，各栋舍之间距离 5 m 以上或有隔离设施

奶牛场应设置犊牛舍、育成（青年）牛舍、泌乳牛舍、干奶牛舍，各栋舍之间应符合规定的间距或有物理隔离。按照《奶牛标准化规模养殖生产技术规范》要求，各栋舍之间消防距离 12 m 以上。按照《动物防疫条件审查办法》规定，各栋舍之间距离 5 m 以上或有隔离设施设备。

评估要点：现场查看奶牛场生产区犊牛舍、育成（青年）牛舍、泌乳牛舍、干奶牛舍。

2. 犊牛舍设置合理，出生至断奶前犊牛宜采用犊牛岛饲养

犊牛由于其生理特点、疫病流行特点、饲养管理要求等不同于成年奶牛，按照《奶牛标准化规模养殖生产技术规范》要求，应专门设置犊牛舍，出生至断奶前犊牛宜采用犊牛岛饲养。

评估要点：现场查看犊牛舍的布局和设置状况。

3. 应有独立的后备牛专用舍或隔离栏舍，用于选种或引种过程中牛的隔离

引种隔离在养殖场日常生产工作中占有重要作用。后备牛专用舍和引种隔离栏舍，作为奶牛场规范化运行内容，有利于降低牛群疫病传入、传播风险。引种隔离应符合《动物检疫管理办法》等规定。

评估要点：现场查看引种隔离舍和后备牛专用舍；查看其是否独立设置。

4. 应有与生产区间隔300 m以上或通过物理屏障有效隔离的病牛专用隔离治疗舍

为降低病牛传播疫病的风险,按照《动物防疫条件审查办法》要求,饲养场应有相对独立的患病动物隔离舍,主要用于病牛隔离和治疗。病牛隔离区主要包括兽医室、隔离牛舍,应设在生产区外围下风地势低处,远离生产区(与生产区保持300 m以上间距),与生产区有专用通道相通,与场外有专用大门相通。

评估要点:现场查看病牛专用隔离治疗舍。现场检查其位置是否合理,是否与生产区相对独立并保持一定间距。

5. 有独立产房,配置产圈或产栏,面积 16 m^2/头以上

牛在分娩期间经历了内分泌、营养、代谢、生理状态等多种变化,这期间牛机体最容易受到外界各种因素的影响,任何一个环节出现问题,将会直接影响牛健康及生产性能。因此须有独立且符合生物安全要求的产房。牛场应设置产房,配置产栏,产栏面积 16 m^2/头以上。

评估要点:现场查看牛场产房。

6. 牛舍通风、换气和温控等设施运转良好

通风换气、温度调节设备是衡量现代化养殖的一项重要参考指标。牛舍建设应满足隔热、采光、通风、保温要求,配置降温、防寒、通风设施设备,按照《奶牛标准化规模养殖生产技术规范》要求,夏季应减少奶牛热辐射、通风、降温,牛舍温度、湿度、气流、光照应满足奶牛不同饲养阶段的需求。

评估要点:现场查看牛舍通风、换气和温控等设施设备。

(五)卫生环保

1. 场区应无杂物堆放

良好的卫生环境,既体现养殖场现代化管理水平,也体现养殖场对生物安全管理的重视。奶牛场应场区整洁,垃圾合理收集、及时清理。奶牛场污物及时清扫干净,保持环境卫生。及时清除杂草和水坑等蚊蝇滋生地,消灭蚊蝇。

评估要点:现场查看场区内垃圾集中堆放,位置是否合理,是否及时清运,有无杂物堆放。

2. 生产区应具备有效的防鼠、防虫媒、防犬猫进入的设施或措施

鼠、虫、犬猫常携带多种病原体,对奶牛场养殖具有较大威胁。按照《动物防疫条件审查办法》要求,种畜禽场应有必要的防鼠、防鸟、防虫设施设备或者措施。按照《奶牛标准化规模养殖生产技术规范》要求,奶牛场应采取措施控制啮齿类动物和虫害,防止污染饲草料,要定时定点投放灭鼠药,

对废弃鼠药和毒死鸟鼠等，按国家有关规定处理。

评估要点：现场查看牛场内环境卫生，尤其是低洼地带、墙基、地面；查看饲料存储间的防鼠设施设备；查看牛舍外墙角的防鼠碎石/沟；查看防鼠的措施和制度；向养殖场工作人员了解防鼠灭鼠措施和设施设备。

3. 场区禁养其他动物，并应有防止周围其他动物进入场区的设施或措施

奶牛场不应饲养其他畜禽。不得将畜禽及其产品带入场区。按照《奶牛标准化规模养殖生产技术规范》要求，对特殊情况下需要饲养狗的，要求加强管理，并实施防疫和驱虫处理。鉴于犬猫可携带多种人兽共患传染病病原，是多种寄生虫的宿主，对于动物疫病净化潜在影响较大，因此，动物疫病净化养殖场原则上不得喂养犬猫。

评估要点：查看防止外来动物进入场区的设施设备，查看场区是否饲养其他动物。

4. 应有固定的牛粪贮存、堆放设施设备和场所，存放地点有防雨、防渗漏、防溢流措施

养殖场清粪工艺、频次，粪便堆放、处理应按照《奶牛标准化规模养殖生产技术规范》等要求执行。采取干清粪工艺，日产日清；收集过程采取防扬散、防流失、防渗透等工艺；粪便定点堆积；储存场所有防雨、防渗透、防溢流措施；实行生物发酵等粪便无害化处理工艺达到粪便无害化处理有关要求。利用无害化处理后的粪便生产有机肥，应符合有机肥料有关标准；未经无害化处理的粪便，不得直接施用。养殖场发生重大动物疫情时，按照防疫有关要求处理粪便。

评估要点：现场查看牛粪储存设施设备和场所。

5. 牛舍废污排放应符合环保要求

养殖场废污排放应遵守国家法律法规的规定，废污排放标准及应采取的措施应按照有关规范要求，结合本场实际执行。实行粪尿干湿分离、雨污分离、污水分质输送等以减少排污；液态粪便应采取生物技术进行无害化处理，处理后的上清液作为农田灌溉用水时应符合农田灌溉水质有关要求。

评估要点：现场检查粪污处理系统，查阅相关部门检测报告。

6. 水质检测应符合人畜饮水卫生标准

水与畜禽生命关系密切，是其机体的重要组成部分，因水质导致畜禽疫病或死亡，也一定程度上影响公共卫生安全。畜禽场饮用水水质应达到有关水质标准。养殖场应定期检测饮用水质，定期清洗和消毒供水、饮水设施设备。

评估要点：查看有资质实验室出具的水质检测报告。

7. 应具有县级以上环保行政主管部门的环评验收报告或许可

《畜禽规模养殖污染防治条例》规定：新、改、扩建养殖场，应当满足动物防疫条件，并进行环境影响评价。项目按照其对环境的影响程度分别编制环境影响报告书、报告表、登记表。

评估要点：查看县级以上生态环境主管部门审批、备案的环境影响报告书、报告表或登记表。

（六）无害化处理

1. 应有粪污无害化处理制度，场区内应有与生产规模相匹配的粪污处理设施设备，宜采用堆肥发酵方式对粪污进行无害化处理，处理结果应符合有关要求

应建立粪污无害化处理制度，用于规范粪污无害化处理过程。粪污处理应遵循减量化、无害化和资源化的原则，场区内应有与生产规模及其他设施设备相匹配的粪污处理设施设备。奶牛场宜采用堆肥发酵方式对粪污进行无害化处理。

评估要点：粪污处理设施设备和处理能力是否与生产规模相匹配，是否采用堆肥发酵等方式对粪污进行无害化处理。

2. 应有病死牛及流产物无害化处理制度，无害化处理措施符合《病死及病害动物无害化处理技术规范》

按照《动物防疫条件审查办法》等要求，为防止病死牛及流产物处理过程中造成病原污染和疫病传播，奶牛场应有病死牛及流产物无害化处理制度，明确病死牛无害化处理方法、处理流程、工作记录等。所采取的无害化处理措施应符合《病死及病害动物无害化处理技术规范》。

评估要点：查阅病死牛无害化处理制度。查看所采取的无害化处理措施能否达到《病死及病害动物无害化处理技术规范》要求。

3. 有病死奶牛隔离、淘汰、诊疗、无害化处理等相关记录

按照《动物防疫条件审查办法》等要求，畜禽养殖场应建立对病、死畜禽的治疗、隔离、处理制度。病死动物通常带有大量病原，如在没有生物安全防护的场所对其剖检，极易造成病原的扩散而污染环境和养殖场内易感动物，解剖场所应远离生产区，剖检过程应做好生物安全防护，不得形成二次污染。按照有关要求，发生动物死亡，应请专业兽医诊断，分析死亡原因。病死牛隔离、淘汰、诊疗、无害化处理记录要相互对应、相互衔接，既能反映奶牛场的疫病发生和流行情况，也能反映养殖场诊疗水平，还能反映养殖档案的规范性，使病死牛的处理过程具有可追溯性。

评估要点：查阅相关档案，抽取病死牛记录，追溯其隔离、淘汰、诊疗、无害化处理等相关记录。

4. 病死牛无害化处理设施或措施应运转有效并符合生物安全要求

按照《畜禽规模养殖污染防治条例》《动物防疫条件审查办法》等法规要求，养殖场应具备病死牛无害化处理设施设备。病死及病害动物和相关动物产品、污染物应按照《病死及病害动物无害化处理技术规范》进行无害化处理，相关消毒工作按消毒规范进行消毒。

评估要点：现场查看病死牛无害化处理设施设备及其运转情况。

(七) 消毒管理

1. 场区入口应设置车辆消毒池，覆盖全车的消毒设施以及人员消毒设施

入场车辆和人员是动物疫病传入的关键风险点。按照《动物防疫条件审查办法》等有关要求，场区出入口处设置与门同宽的车辆消毒池。也可在场区入口设置能满足进出车辆消毒要求的设施设备。场区入口处应设置人员消毒通道，经管理人员许可，外来人员应在消毒后穿戴专用工作服和鞋帽进入场区。

评估要点：现场查看场区入口设置的车辆消毒设施，检查设施运转情况。查看场区入口处人员消毒设施，检查设施运转情况。

2. 应有车辆及人员出入场区的消毒及管理制度和岗位操作规程，并对车辆及人员出入和消毒情况进行记录

养殖场应按照《奶牛标准化规模养殖生产技术规范》要求，建立出入场区消毒管理制度和岗位操作规程，明确对出入车辆和人员的控制、消毒措施和效果。对车辆及人员出入和消毒情况进行记录。

评估要点：查阅车辆及人员出入管理制度和岗位操作规程。查阅车辆及人员出入和消毒记录、现场观察制度和操作规程的执行情况。

3. 生活区、生产区入口应设置人员消毒、淋浴、更衣设施，消毒、淋浴、更衣室布局科学合理

按照《动物防疫条件审查办法》《奶牛标准化规模养殖生产技术规范》等要求，生产区入口处应设置更衣消毒室。消毒通道应有地面消毒和紫外线消毒。

评估要点：现场查看消毒、淋浴、更衣设施。

4. 有本场职工、外来人员进入生产区消毒及管理制度，有出入登记制度，对人员出入和消毒情况进行记录

按照《动物防疫条件审查办法》《奶牛标准化规模养殖生产技术规范》等

要求制定人员进入生产区消毒及管理制度。明确本场职工、外来人员进入生产区的管理及消毒规程。按要求建立出入登记制度，非生产人员未经许可不得进入生产区；人员进入生产区，应穿戴工作服和鞋帽经过消毒间，洗手消毒后方可入场并遵守场内防疫制度。

评估要点：查阅人员出入生产区消毒及管理制度。检查人员出入登记和消毒记录。

5. 栋舍、生产区内部应消毒设施设备齐全，运行良好；有定期消毒措施，有消毒制度和岗位操作规程，对栋舍、生产区内部消毒情况进行记录

栋舍、生产区内消毒是消灭病原、切断传播途径的有效手段，牛舍、周围环境、牛体、用具等消毒措施应符合相关规定。

评估要点：现场查看消毒设施，检查运行情况；查阅相关消毒制度和岗位操作规程；查看相关记录。

6. 应有消毒液配制和管理制度，有消毒液配制及更换记录

科学合理地选择消毒剂种类和消毒方法可以更有效地杀灭病原微生物，养殖场消毒管理制度中应建立科学消毒方法、合理选择消毒剂、明确消毒液配制和定期更换等措施。日常的消毒液配制及更换记录要详细完整。

评估要点：查阅消毒剂配液和管理制度。查阅消毒液配制及更换记录。

7. 应开展消毒效果评估，并有近一年评估记录

要了解本场的消毒效果，需要定期或不定期地开展消毒效果评价，而消毒效果评价具有较强的专业性和技术含量，如果本场不具备相关技术能力，可开展相关技术培训，切实掌握评估方法。消毒效果评估工作要作为整体消毒工作的组成部分。

评估要点：查阅消毒效果评估资料，评价其科学性、合理性。

（八）生产管理

1. 应制定投入品（含饲料、兽药、生物制品）使用管理制度，有投入品使用记录

养殖场应按照《中华人民共和国畜牧法》《中华人民共和国农产品质量安全法》《畜禽标识和养殖档案管理办法》《饲料和饲料添加剂管理条例》和《兽药管理条例》等法律法规，建立投入品管理和使用制度，并严格执行。购进饲料及饲料添加剂，应符合饲料卫生标准的规定及其产品质量标准，不得添加农业农村部公布的禁用物质；购进的牧草不得来自疫区；购进兽药应符合《中华人民共和国兽药典》等兽药标准规定，不得添加农业农村部公告中禁止使用的药品和其他化合物。饲料和饲料添加剂及兽药的使用，应符合有关

规定。

评估要点：查阅养殖场管理制度，是否涵盖饲料、兽药、生物制品管理使用制度；现场观察各项制度执行情况。

2. 应将投入品分类分开储存，标识清晰

养殖场饲料、兽药、生物制品等不同类型的投入品应分类储存，防止污染和交叉污染。饲料库和配料库中不同类型的饲料应分类存放，先进先出；添加兽药的饲料与其他饲料分开储存；不同类别的兽药和生物制品按说明书规定分类储存；投入品储存状态标示清楚，有安全保护措施。

评估要点：现场查看饲料、药物、疫苗等不同类型的投入品储存状态和标识。

3. 应有生长记录、发病治疗淘汰记录、日饲料消耗记录和饲料添加剂使用记录

生产档案既是《畜禽标识和养殖档案管理办法》要求的内容，也是规范化养殖场应具备的基础条件。养殖场应按照规定，根据监控方案要求，做好生产过程各项记录，以提供符合要求和质量管理体系有效运行的证据。

评估要点：查阅养殖场产奶记录、发病治疗淘汰记录、日饲料消耗记录和饲料添加剂、兽药使用记录等生产档案。

4. 应有健康巡查制度及记录

建立健康巡查制度能及时发现可疑现象并采取防控措施，将发病范围控制到最小，损失降到最低。按照要求奶牛场应定期按照《反刍动物产地检疫规程》要求，对牛群进行临床健康检查。应定期巡查牛群和设备情况，发现异常及时处理。

评估要点：查阅养殖场健康巡查制度及记录。

5. 年流产率应不高于5%

流产率能够反映出养殖场饲养管理水平和疫病防控水平。

评估要点：根据当年生产报表计算奶牛年流产率。

6. 开展DHI生产性能测定，结果符合要求

奶牛DHI测定可以对每头奶牛进行产奶量记录、乳成分分析以及体细胞计数等。通过DHI测试的数据分析，可以了解牛群的饲养管理水平和生鲜乳质量水平。

评估要点：现场查阅DHI测定记录，重点查看体细胞计数以掌握乳房炎感染情况。

7. 应有奶牛饲养管理、卫生保健技术规范

养殖场应在奶牛不同的生长阶段设定相应的日粮标准、防疫规范、驱虫计划等。按照要求奶牛场根据奶牛不同生长和泌乳阶段，制定饲养规范，应有预防、治疗常规疫病的规程，即卫生保健技术规程。奶牛不同生长时期和生理阶段至少应达到《奶牛营养需要和饲养标准》（第二版）要求，可参考使用地方奶牛饲养规范。《奶牛标准化规模养殖生产技术规范》要求，奶牛保健至少应包括乳房卫生保健、蹄部卫生保健、营养代谢病监控、兽药及保健品使用准则等。

评估要点：现场查阅相关技术规程及记录。

8. 应有挤奶操作制度，有完整的生鲜乳卫生检测记录

养殖场挤奶操作制度应符合农业农村部规定；挤奶操作应符合相关规定。牛奶出场前先自检，不合格者不出场。养殖场应设立生鲜乳化验室，开展乳成分分析和卫生检测工作。

评估要点：现场检查挤奶厅设施设备、挤奶操作过程。挤奶厅功能布局和设施设备不应对生鲜乳生产产生污染；设施设备按规定清洗消毒；挤奶前后乳头两次药浴，挤奶前应观察乳房是否有异常情况并擦干乳头，一牛一巾；前三把奶挤入专用容器观察是否异常；患病奶牛和产犊 7 d 内的奶牛应单独挤奶，有分类处理措施。现场查阅相关制度，生鲜乳检测资料（DHI 检测报告、收购加工企业检测合格报告、自检资料）。

（九）防疫管理

1. 应建立适合本场的卫生防疫制度和针对特定动物疫病、符合本场实际的突发传染病应急预案

《中华人民共和国动物防疫法》规定：动物饲养场应有完善的动物防疫制度。《动物防疫条件审查办法》规定，养殖场应建立卫生防疫制度。养殖场应根据动物防疫制度要求建立完善相关岗位操作规程，按照操作规程的要求建立档案记录。同时，养殖场应建立突发传染病应急预案，本场或本地发生疫情时做好应急处置。

评估要点：现场查阅卫生防疫管理制度。查看制度、岗位操作规程、相关记录是否能够互相印证，并证明质量管理体系的有效运行。现场查阅传染病应急预案。

2. 应有独立兽医室，兽医室具备正常开展临床诊疗、采样、高压灭菌、消毒等设施，有兽医诊疗与用药记录

养殖场应按照《动物防疫条件审查办法》要求，设置独立的兽医工作场

所，开展常规动物疫病检查诊断和检测。兽医室须配备疫苗储存、消毒和诊疗设备，具备开展常规动物疫病诊疗和采样的条件。鼓励有条件的养殖场建设完善的兽医实验室，为本场开展疫病净化监测提供便利条件。养殖场应完善诊疗和兽药使用记录。

评估要点：现场查看是否设置独立的兽医室，兽医室是否具备正常开展临床诊疗和采样工作的设施设备，查阅至少近 3 年以来的兽医诊疗与用药记录；养殖建场不足 3 年的，要有查阅从建场以来所有的兽医诊疗与用药记录。

3. 病死动物剖检场所应符合生物安全要求，有完整的病死动物剖检记录及剖检场所消毒记录

发生动物死亡，应请专业兽医诊断，分析死亡原因。对病死动物进行剖检须记录当时状况和剖检结果等信息，便于分析和追溯养殖场疫病流行情况。

评估要点：现场查看病死动物剖检场所的位置及生物安全状况；查阅病死动物剖检记录及剖检场所消毒记录。

4. 应有口蹄疫、布鲁氏菌病、牛结核病防控技术规程，以及普通多发病（如乳房炎、蹄病等）治疗和处理方案

奶牛场应制定适合本场实际、符合疾病防控规律、适应疫病防控形势的口蹄疫、布鲁氏菌病、牛结核病防控技术规程，技术规程应全面、系统、完善，能在实际生产中严格贯彻执行。蹄病等生产中的常见多发病，严重影响奶牛生产性能，危害奶牛健康，奶牛场应根据本场卫生防疫制度和奶牛卫生保健技术规程，建立乳房炎、蹄病等普通多发病治疗和处理方案。

评估要点：查阅该场的口蹄疫、布鲁氏菌病、牛结核病防控技术规程；乳房炎、蹄病等普通多发病的治疗和处理方案。查阅相关档案记录。

5. 应有非正常生鲜乳处理规定和处理记录，有抗生素使用隔离、解除制度和记录

按照《奶牛标准化规模养殖生产技术规范》规定，奶牛场应按照要求进行非正常生鲜乳处理以及抗生素的使用隔离和解除。

评估要点：查阅非正常生鲜乳处理规定、抗生素使用隔离和解除制度，查阅相关记录。

6. 对流产牛及时隔离并进行布鲁氏菌病检测，检测记录完整

布鲁氏菌病是一种严重危害牛场的人兽共患病，患病牛以流产为主要症状，布鲁氏菌病净化场一旦发现奶牛流产等布鲁氏菌病类似症状，应按照《布鲁氏菌病防治技术规范》要求，对牛隔离观察并开展检测。

评估要点：查阅流产牛的布鲁氏菌病检测记录。

7. 应有动物发病记录、阶段性疫病流行记录和符合本场实际并具有防控指导意义的定期牛群健康状态分析总结

全面记录分析、总结养殖场内动物发病、阶段性疫病流行或定期牛群健康状态，可掌握养殖场内疫病流行形势，有利于疫病的综合防控。养殖场应建立对生产过程的监控方案，同时建立内部审核制度。养殖场应定期分析、总结生产过程中各项制度、规程及牛群健康状况，每群奶牛都应有相关资料记录。动物群体相关记录具体内容包括：畜种及来源、生产性能、饲料来源及消耗、兽药使用及免疫、日常消毒、发病情况、实验室检测及结果、死亡率及死亡原因、无害化处理情况等。牛群发病记录与养殖场诊疗记录可合并，阶段性疫病流行或定期牛群健康状态分析可结合周期性内审或年度工作报告一并进行。

评估要点：查阅养殖场动物发病记录、阶段性疫病流行记录或牛群健康状态分析总结。

8. 应有免疫制度、计划、程序和记录

科学的免疫程序是疫病防控的重要环节，防疫档案既是《畜禽标识和养殖档案管理办法》要求的内容，也是养殖场开展疫病净化应具备的基础条件。养殖场应按照《中华人民共和国动物防疫法》及其配套法规要求，结合本地实际，建立本场免疫制度，制定免疫计划，确定免疫程序和免疫方法，采购的疫苗应符合《兽用生物制品质量标准》，免疫操作按照有关规定执行。

评估要点：查阅养殖场免疫制度、计划、免疫程序；查阅近 3 年免疫记录。

(十) 种源管理

1. 应有引种管理制度和引种记录

养殖场应建立引种管理制度规范引种行为。引种申报及隔离符合有关规定。引进的活体动物、精液和胚胎实施分类管理，从购买、隔离、检测、混群等方面应作出详细规定。为从源头控制疫病的传入风险，应严格执行引种管理制度，并完整记录引种相关各项工作，保证记录的可追溯性。

评估要点：现场查阅养殖场的引种管理制度。查阅养殖场的引种记录。

2. 应有引种隔离管理制度和引种隔离观察记录

应制定适合本场实际的引种隔离管理制度，配套引种隔离观察场所和设施，应完整记录引种隔离观察情况。

评估要点：现场查阅养殖场的引种隔离管理制度。查阅养殖场的引种隔离观察记录。

3. 引入奶牛、精液、胚胎，应有动物检疫合格证明、系谱证

按照奶牛引种的要求，养殖场应提供相关资料及证明：引入精液，应符合有关规定；输出地为非疫区；省内调运奶牛的，输出地县级动物卫生监督机构按照《反刍动物产地检疫规程》检疫合格；跨省调运须经输入地省级动物卫生监督机构审批，按照《跨省调运乳用种用家畜产地检疫规程》检疫合格；运输工具须彻底清洗消毒，持有动物及动物产品运载工具消毒证明；输出方应提供的相关经营资质材料。

评估要点：查阅奶牛供应单位相关资质材料复印件；查阅外购奶牛、精液、胚胎供体的种畜禽合格证、系谱证明；查阅调运相关申报程序文件资料；查阅输出地动物卫生监督机构出具的动物检疫合格证明、运输工具消毒证明；查阅输入地动物卫生监督机构解除隔离时的检疫合格证明或资料。

4. 引入奶牛应有隔离观察记录

奶牛引进后，隔离观察至少 45 d，经当地动物卫生监督机构检查确定健康合格后，方可并群饲养。

评估要点：查阅引入奶牛的隔离观察记录。

5. 国外引进奶牛、精液、胚胎，应有国务院农业农村或畜牧兽医行政主管部门签发的审批意见及海关相关部门出具的检测报告

按照奶牛引种的要求，养殖场应提供相关资料及证明：输出地为非疫区；国外引进奶牛、胚胎或精液的，应有国务院农业农村或畜牧兽医行政主管部门签发的审批意见及海关相关部门出具的检测报告。

评估要点：国外引进奶牛、胚胎或精液的，查阅国务院农业农村或畜牧兽医行政主管部门签发的审批意见及海关相关部门出具的检测报告，查阅奶牛供应单位相关资质材料复印件；查阅调运相关申报程序文件资料；查阅输入地动物卫生监督机构解除隔离时的检疫合格证明或资料。

6. 留用精液/供体牛应有牛口蹄疫、布鲁氏菌病、牛结核病病原或感染抗体检测报告且结果为阴性

留用精液/供体牛是养殖场疫病控制的关键环节，要严格予以检测。常见的检测内容应包括口蹄疫、布鲁氏菌病、牛结核病病原或感染抗体，检测结果均为阴性为合格。

评估要点：查阅留用精液/供体牛的相关疫病检测报告。

7. 应有近 3 年完整的奶牛销售记录

养殖场应逐头建立奶牛健康档案，如实记录奶牛健康情况、用药情况、免疫情况、监测情况等。牛个体记录包括繁殖记录、兽医记录、育种记录、生产

记录，病死牛应做好淘汰记录，出售牛应将抄写副本随牛带走，保存好原始记录，牛个体记录应长期保存。牛转出养殖场或出售，应对应个体记录建立销售记录，以便追溯。

评估要点：查阅近 3 年奶牛销售记录。

8. 本场供给奶牛、精液、胚胎应有牛口蹄疫、布鲁氏菌病、牛结核病病原或感染抗体检测报告且结果为阴性

对销售或外供的奶牛、胚胎或精液进行疫病抽检能保证产品质量，提高销售者的责任意识。

评估要点：查阅本场销售或外供奶牛，胚胎、精液/供体牛疫病抽检记录。

（十一）监测净化

1. 应有符合本场实际且科学合理的口蹄疫、布鲁氏菌病、牛结核病年度（或更短周期）监测净化方案、监测报告和记录

口蹄疫、布鲁氏菌病、牛结核病是牛场重点监测净化的动物疫病。有计划、科学合理地开展主要动物疫病的监测工作，是疫病防控、净化的基础，是保持动物群体健康状态的关键。养殖场应制定疫病监测方案并实施，常规监测的疫病至少应包括口蹄疫、布鲁氏菌病、结核病、炭疽、蓝舌病等。养殖场应接受并配合当地动物防疫机构进行定期或不定期的疫病监测抽查、普查、监测等工作。

评估要点：查阅近 3 年养殖场口蹄疫、布鲁氏菌病、牛结核病监测净化方案和监测结果，包括不同群体的免疫抗体水平和病原感染状况；评估监测方案是否符合本地、本场实际情况。查阅与监测方案相对应的近 3 年检测报告（建场不足 3 年，查阅自建场之日起资料）。

2. 应根据监测净化方案开展疫病净化，检测、淘汰记录能追溯到相关动物的唯一性标识（如耳标号）

养殖场根据检测结果对阳性动物进行隔离或扑杀，检测样品是否能溯源决定阳性动物的处理是否准确，奶牛及后备牛群应具有唯一性标识。

评估要点：能按照监测净化方案开展疫病检测，抽查检测记录，现场查看是否能追溯到相关牛。

3. 应有 3 年以上的净化工作实施记录，保存 3 年以上

对净化工作实施情况进行全面的记录和保存，是提高养殖场疫病防控、净化综合管理能力的有效手段。

评估要点：查阅口蹄疫/布鲁氏菌病/牛结核病净化实施记录。包括：采样、检测、阳性牛处理记录、批次或定期的净化工作分析报告或总结等。

4. 应有定期净化效果评估和分析报告（生产性能、流产率、阳性率、用药投入、提高的直接经济效益等）

净化效果的评估和分析报告，包括对净化前后生产性能、每个世代阳性率等情况的比较，是净化工作成效的具体体现，也是进一步实施净化的目标和动力。奶牛场应对净化效果定期进行评估和分析。

评估要点：查阅近3年净化效果具体分析报告或评估报告。

5. 实际检测数量应与应检测数量基本一致，检测试剂购置数量或委托检测凭证与检测量相符

持续监测是养殖场开展疫病净化的基础，实际检测数量与应检测数量基本一致，检测试剂购置数量或委托检测凭证与检测量相符。

评估要点：查阅养殖场检测试剂购置或委托检测凭证，并核实是否与应检测量相符。

（十二）场群健康

应具有近1年内有资质的兽医实验室检验检测报告（每次抽检头数不少于30头）并且结果符合以下标准。

结核病净化场：符合净化标准；其他病种净化场：结核病阳性检出率≤0.5%，近两年内无结核病临床病例。结核病阳性检出率是评估结核病净化效果的重要参考，具体检测方法参见奶牛场结核病净化标准。

评估要点：查阅近1年监测报告，计算相应指标。查阅健康巡查记录。

五、种牛场牛结核病净化标准

（一）净化标准

同时满足以下要求，视为达到净化标准：种牛群抽检，牛结核菌素皮内变态反应阴性；连续两年以上无临床病例；现场综合审查通过。

（二）抽样检测方法

净化评估专家负责设计抽样方案并监督抽样，所在地各级动物疫病预防控制机构配合完成。

（三）现场综合审查

1. 国家级动物疫病净化场现场综合审查

依据《种牛场主要疫病净化现场审查评分表》开展现场综合审查并打分。必备条件全部满足，总分不低于90分，且关键项（*项）全部满分，被国家级动物疫病净化场现场综合审查通过。

2. *省级动物疫病净化场现场综合审查*

依据《种牛场主要疫病净化现场审查评分表》开展现场综合审查并打分。必备条件全部满足,总分不低于80分,且关键项(*项)全部满分,被省级动物疫病净化场现场综合审查通过。

种牛场牛结核病净化评估标准现场综合审查要点可参照前文奶牛场牛结核病净化评估标准现场综合审查要点。

第三节 牛结核病净化场创建的步骤

一、动物疫病净化场创建步骤

养殖场向所在地县级农业农村部门提交申报材料→县级农业农村部门组织专家对养殖场提交申报材料进行审核→审核通过报市级农业农村部门复核→复核通过报省级农业农村部门评估→评估通过的推荐农业农村部→农业农村部审查并确定拟评估养殖场名单→由中国动物疫病预防控制中心组织评估。

申请国家级动物疫病净化场评估的养殖场,须先通过省级动物疫病净化场评估,并按国家级动物疫病净化场要求,逐级向省级农业农村主管部门提交相关申请材料;省级农业农村主管部门统一组织向农业农村部畜牧兽医局申请评估。农业农村部畜牧兽医局对申报材料进行初审,由中国动物疫病预防控制中心具体组织专家组对通过初审的单位进行材料评估,按照30%的比例现场抽检评估部分养殖场,申请数量不足3家的省份,申请养殖场全部进行现场评估。中国动物疫病预防控制中心负责组建国家级动物疫病净化评估专家库,现场评估实行专家组长负责制。评估专家由中国动物疫病预防控制中心从国家级动物疫病净化评估专家库中随机抽取,专家组由3~5人组成,专家组组长由中国动物疫病预防控制中心指定。农业农村部畜牧兽医局根据工作需要派观察员参加现场评估。现场评估包括实地查看和实验室检测两部分,评估专家组负责实地查看、现场采样监督和实验室检测结果的确认。中国动物疫病预防控制中心指定实验室开展实验室检测并出具检测报告,养殖场所在地的各级动物疫病预防控制机构负责协助完成各项工作。现场评估专家组根据《动物疫病净化评估技术规范》相关要求逐项进行现场评审、监督采样,如实记录检查结果和存在的问题,并依据现场评审和检测结果,提出评估意见。评估意见分为通过、限期整改和不通过3种。须限期整改的养殖场应在规定的时限内完成整改，并将整改报告报评估专家组。评估专家组对整改报告进行审核，必要时可进行现场复核，并提出评估意见。由评估专家组组长对评估结果进行确认，完成评估报告。在完成材料评估和现场评估的基础上，召开专家评审会议，确定国家级动物疫病净化场建议名单，报农业农村部畜牧兽医局审核，审核通过的按程序以农业农村部文件发布。自农业农村部发布之日起，国家级动物疫病净化场的有效期：种畜禽场、奶畜场为5年，规模养殖场为3年（不含种畜禽场、奶畜场）。国家级动物疫病净化场应在有效期到期前6个月以上提出复评估申请，复评估按初次评估规定的评估程序执行。

未通过评估的养殖场，可按照国家级动物疫病净化场评估工作安排和要求重新提出申请。

二、动物疫病净化场评估流程

"国家级净化场"现场评估由现场审查和抽样检测两部分组成，评估专家组负责现场审查、现场采样监督、确认实验室检测结果并形成评估报告，评估专家组负责委托指定实验室对采集样本进行检测，实验室按照评估专家组委托开展检测并出具检测结果报告；养殖场所在地的省级动物疫病预防控制机构负责协助完成各项工作。在评估过程中，评估专家组应根据《动物疫病净化场评估技术规范》及释义逐项进行现场评审、监督采样，如实记录检查结果和存在的问题，并依据现场审查和抽样检测结果，提出现场审查意见、抽样检测评审意见和评估意见，完成评估报告。评估意见分为通过、限期整改和不通过3种，须经被评估单位负责人签字确认。评估报告原件（不含实验室检测相关材料及评估意见表）由评估专家组或省级动物疫病预防控制机构递交至中国动物疫病预防控制中心，现场审查评分表、现场审查意见表复印后分别由申请养殖场及各级动物疫病预防控制机构留存。本批"国家级净化场"现场评估和实验室检测工作完成后，中国动物疫病预防控制中心组织汇总、复核各评估专家组评估报告，向农业农村部上报最终评估结果。

（一）成立评估专家组

成立评估专家组，召开碰头会，审阅申报材料，确定现场评估相关事宜。

（二）组长组织召开现场沟通会

参加人员为评估专家组、评估组观察员、养殖场净化工作主要负责人、省级疫控净化联系人、养殖场所在地兽医部门相关人员等。

（1）省级疫控净化联系人介绍参会人员。

（2）组长介绍评估安排。

(3) 组长代表评估专家组宣读《评估专家承诺书》。
(4) 养殖场代表宣读《申请单位承诺书》。
(5) 养殖场就本场整体情况、净化开展情况和自查情况进行汇报（20~30 min）。
(6) 评估专家就相关问题进行询问和交流（20~30 min）。

（三）实地查看

评估专家组成员到养殖场进行现场查看。

(1) 现场审查专家按照养殖场要求进入生产区，对照评分表，查看养殖场周边环境、整体布局、设施设备人员情况，查看生产区内布局、设施设备、生产情况等。

(2) 在不同栋舍内随机记录10头/只/羽动物耳标号，出场后查询生产档案、防疫档案，对相关病种检测情况进行记录。

(3) 现场审查专家通过进场或高清视频设备进行现场审查。

（四）监督抽样

(1) 评估专家组根据抽样检测要求，设计抽样方案，内容要具体到不同养殖阶段、不同栋舍号的具体采样数，具体动物由评估专家进入栋舍后随机指定并标识。

(2) 场内工作人员按照评估专家组要求，完成样本采集、记录、处理等工作，评估专家现场监督。

(3) 评估专家整理采集样本，并与采样单一一核对，将采样单复印件与样本封存并签名。

（五）查阅档案记录

(1) 查阅养殖场生产档案、防疫档案及记录等，重点查阅净化、监测方案的制定、实施及相关记录。

(2) 从近期检测报告中随机选取10头/只/羽动物，对其生产档案和防疫档案进行追溯，查询动物的流转情况及记录。

(3) 评估专家组对照评估标准及释义打分，形成现场审查意见。

（六）组长组织召开末次会议

召开末次会议，交流审查情况、宣读现场审查意见，被评估单位进行签字确认。

（七）材料递送

评估专家组将相关材料递送至中国动物疫病预防控制中心，包括以下内容。

（1）评估报告（不含抽样检测审查意见表和评估意见表）。
（2）采集样品及采样表复印件（封存并签名）。
（3）养殖场汇报材料（纸质版）及汇报PPT（电子版）。
（4）评估专家组现场工作照片及养殖场相关照片等（电子版）。

（八）样本检测

（1）评估专家组委托实验室进行样本检测。
（2）实验室出具检测结果报告。
（3）中国动物疫病预防控制中心将检测结果反馈至评估专家组组长。
（4）评估专家组组长对检测结果进行确认，并根据对养殖场具体情况对可疑结果和假阳性结果进行判断，形成抽样检测审查意见。

（九）确定评估结果

（1）评估专家组组长根据抽样检测结果出具抽样检测审查意见。
（2）评估专家组组长出具最终评估意见。
（3）评估专家组组长将抽样检测审查意见和评估意见反馈至中国动物疫病预防控制中心。
（4）中国动物疫病预防控制中心将抽样检测审查意见和评估意见反馈至被评估单位进行确认。
（5）中国动物疫病预防控制中心将评估报告汇总、复核后递交至农业农村部。
（6）农业农村部确定最终评估结果。
（7）农业农村部公布评估结果。

第四节　牛结核病无疫小区创建的要求与条件

一、无牛结核病小区创建要求

（一）无牛结核病小区标准

（1）具有统一完整的生物安全体系。
（2）对新引进牛、胚胎、精液采取了检疫、隔离等确保无疫措施；实施有效的标识和养殖档案管理。
（3）场区设置车辆、物料、人员等清洗消毒设施设备，对生产、生活、运输、无害化处理等环节进行有效的清洗消毒。

(4) 饲草来源清晰，必要时采取了消毒措施。

(5) 具有科学有效的监测体系，过去12个月内未发现结核分枝杆菌复合群感染。

(6) 过去12个月内，对6周龄以上牛进行2次检测，结果均为阴性。

(7) 过去12个月内，未发现牛结核病临床症状，或宰前和宰后检疫均未发现结核病变；如发现结核分枝杆菌复合群感染，须对所有6周龄以上的牛进行2次检测。

(8) 第1次检测应在最后一例感染牛扑杀6个月后进行，第2次检测至少间隔6个月，2次检测结果均为阴性。

(二) 无牛结核病小区的恢复

(1) 暂停无牛结核病小区资格后，自规定时间内完成整改的，可申请恢复无疫资格。

(2) 撤销无牛结核病小区资格的恢复。

(3) 因发生牛结核病撤销资格的，在最后一例病例被扑杀后，可申请恢复无疫资格。

(4) 在规定期限内未完成整改或其他原因撤销资格的，在完成整改或符合相应要求后，可申请恢复无疫资格。

(三) 无牛结核病小区监测要点

1. 监测目的

证明申报无牛结核病小区内的牛无结核分枝杆菌复合群感染或维持无疫状态。

2. 监测依据

《无牛结核病小区标准》《无规定动物疫病小区管理技术规范—规定动物疫病监测准则》。

3. 监测范围

无疫小区内的养殖场、屠宰厂（场），以及缓冲区内相关场所。

4. 监测对象

6周龄以上的牛。

5. 证明无疫监测

(1) 对所有引入无疫小区的牛进行结核分枝杆菌复合群检测，对引入精液和胚胎进行抽检。

(2) 企业对发现疑似牛结核病症状的牛，或者官方兽医在宰前和宰后检疫中发现疑似结核病变的牛均应记录和报告，并及时采样送官方实验室或官方指定实验室检测。

(3) 申请评估前 12 个月内对无疫小区开展 2 次监测。企业开展的第 1 次监测结果为阴性，且官方日常监测和检疫均未发现牛结核分枝杆菌复合群感染或病例后，官方实验室或官方指定实验室开展第 2 次监测。

(4) 设有缓冲区的，由官方实验室或官方指定实验室结合当地牛结核病监测计划开展 2 次监测。

(5) 省级评估抽检。省级评估时，按照 2% 的个体预定流行率、95% 的置信度、90% 的试验敏感性确定抽样数量。抽样覆盖小区内养殖、屠宰（采集牛肺门淋巴结）等生产单元，优先选择高风险动物和病死动物，数量不够时再按随机抽样原则补足样品。

6. 维持无疫监测

(1) 对所有引入无疫小区的牛进行结核分枝杆菌复合群检测，对引入精液和胚胎进行抽检。

(2) 企业对发现疑似牛结核病症状的牛，或者官方兽医在宰前和宰后检疫中发现疑似结核病变的牛均应记录和报告，并及时采样送官方实验室或官方指定实验室检测。

(3) 每年，企业对无疫小区开展 1 次监测。当地官方兽医机构在日常监管和检疫均未发现牛结核分枝杆菌复合群感染或牛结核病病例的基础上，结合当地牛结核病监测计划开展 1 次监测。两次监测间隔 6 个月。

(4) 设有缓冲区的，由官方实验室或官方指定实验室结合当地牛结核病监测计划开展 1 次监测。

(5) 省级开展年度监督检查时，可结合本省牛结核病监测计划对无疫小区开展基于风险的监测。

7. 检测方法与结果判定

根据《牛结核病防治技术规范》进行检测和结果判定。

二、无牛结核病小区创建条件

（一）基本条件

(1) 企业应当是独立的法人实体或企业集团。

(2) 构成无规定动物疫病小区所有生产单元分布应当相对集中，原则上处于同一县级行政区域内，或位于同一地市级行政区域毗邻县内且不同生产单元之间不超过 200 km。

(3) 各生产单元应当按规定取得相应的资质条件。

(4) 遵循良好饲养管理规范的原则要求，实施健康养殖。

(5) 应当按《畜禽标识和养殖档案管理办法》的规定对畜禽进行标识，对所有生产环节中的畜禽及其产品、饲料、兽药等投入品实施可追溯管理。

(6) 养殖场病害畜禽及废弃物处理设施条件、无害化处理应当符合生物安全和环保要求。

(7) 企业负责实施无规定动物疫病小区统一的生物安全管理工作。

(8) 所在地县级以上兽医机构应当按照全程监管、风险管理的原则，制定完善的监管制度和程序，对无规定动物疫病小区进行监管。

(二) 生物安全管理体系

1. 企业遵循全过程风险管理的原则

参照危害分析和关键控制点控制的基本原则，建立统一的生物安全管理体系。

2. 生物安全管理人员

企业应当成立生物安全管理小组，管理小组明确组长和副组长，组长由企业（企业集团）的主要负责人或主管防疫的负责人担任，副组长由具体负责防疫或生产的负责人担任，成员包括各生产单元的主要负责人。

生物安全管理小组负责制定生物安全计划，并督促落实生物安全计划，定期对生物安全计划进行审核和维护。

各生产单元应当配备生物安全管理员，按照生物安全计划的要求实施各项生物安全措施。

实施生物安全管理工作的相关人员应当进行生物安全培训。

3. 屏障设施

生产单元应当有围墙或能够与外界进行有效隔离的其他物理屏障。

生产单元内生产区与生活区应当分设，必要时进行物理隔离。

当养殖场周边存在其他易感动物（含野生动物），具有较高的规定动物疫病传播风险时，应当沿养殖场物理屏障向外设立 3 km 的缓冲区。

4. 生物安全计划

根据规定动物疫病的流行病学特征、传入传播途径及风险因素，参照《生物安全计划准则》的要求制定。

生物安全计划的主要内容包括：规定动物疫病传入传播的风险因素及可能途径；对所有潜在风险因素，逐项设立相应的关键控制点，制定针对性的生物安全措施；建立标准操作程序，包括生物安全措施、监督程序、纠错程序、纠错过程确认程序以及档案记录。

5. 生物安全措施

生物安全管理小组应当按照《规定动物疫病风险评估准则》的要求，定期对规定动物疫病发生、传播和扩散的风险因素进行评估，合理制定或调整完善生物安全措施。

生物安全措施应当覆盖无规定动物疫病小区养殖、屠宰（加工）、孵化、运输、无害化处理等所有环节及生产单元，并有效落实。

6. 疫情报告和应急反应

建立动物疫情报告体系，一旦发生疑似重大动物疫情，立即按照疫情报告程序进行报告；建立规定动物疫病应急预案，并按照要求做好防疫应急物资储备和人员培训；无规定动物疫病小区内发生规定动物疫情时，应当及时启动应急预案，进行疫情处置。缓冲区或无规定动物疫病小区所在县（市、区）发生规定动物疫病疫情时，无规定动物疫病小区应当按照应急预案要求，采取强化的隔离、清洗、消毒等生物安全措施，强化监测和监管，开展预警监测，防止疫情传入。

7. 记录

记录应当能证明无规定动物疫病小区所有生物安全管理措施的实施情况；养殖环节应当按照畜禽养殖档案管理的有关要求做好各项记录；屠宰加工环节应当做好畜禽来源、屠宰日期、数量、批次、活畜禽运输车辆牌照、储存场所、产品去向等记录；其他环节，如孵化、饲料生产以及无害化处理等，应当按企业生物安全管理的要求做好相关记录；所有记录应当妥善保存，便于查阅。动物疫病监测记录保存期不少于 5 年，其他记录保存期不少于 2 年。国家有长期保存规定的，依照其规定。

8. 内部审核与改进

生物安全管理小组应当定期对生物安全管理体系进行内部审核和评估，并根据结果进行改进。

（三）官方兽医机构监管

1. 基本要求

官方兽医机构健全，职能明确，有充足的财政支持，基础设施完善，能够满足工作需要。

监管人员应当熟悉国家有关法律法规要求，具有相应的专业技术知识和技能。

遵循过程监管、风险控制和可追溯管理的基本原则，制定完善的监管制度和程序，对无规定动物疫病小区进行有效监管，并做好相关记录。

2. 监管内容

（1）对无规定动物疫病小区的监管。对养殖场的监管，包括动物防疫条件、养殖档案、动物调出调入管理、检疫申报、可追溯管理、饲料和兽药使用、免疫、监测、诊疗、疫情报告、消毒、无害化处理等。对屠宰加工厂的监管，包括动物防疫条件、消毒、检疫检验、无害化处理、可追溯管理及档案记录等。对运输的监管，包括运输路线、运输工具清洗消毒、检疫证明持有情况等。对从业人员的监管，包括生物安全管理人员的设置、从业人员健康证明持证、生物安全知识培训、执业兽医配备情况等。对其他环节的监管，包括防疫条件、生物安全管理措施制定及落实等。

（2）对无规定动物疫病小区缓冲区及周边区域的监管。

掌握辖区内动物饲养、屠宰加工、交易等场所分布情况，以及相关动物种类、数量、分布等情况。了解辖区内易感野生动物的分布情况。对缓冲区的易感动物免疫、规定动物疫病监测、诊疗、疫情报告、动物及其产品运输、无害化处理等进行监管。对缓冲区及行政区域内的其他易感野生动物的规定动物疫病实施有效监测。

（四）监测

（1）无规定动物疫病小区应当建立完善的规定动物疫病监测体系，并对规定动物疫病实施有效监测。

（2）监测体系包括企业监测和兽医机构的官方监测，承担监测的实验室应当取得规定动物疫病检测能力资质认可。

（3）具备资质的兽医实验室可以是各级动物疫病预防控制机构的兽医实验室，也可以是官方兽医机构指定的具有资质的第三方实验室。

（4）规定动物疫病的监测应当遵循《规定动物疫病监测准则》的原则，制定监测计划和监测方案。

（5）应当对监测结果进行分析，并根据结果及时调整生物安全计划；相关监测记录应当规范完整。

（五）评估

（1）满足下列条件，可申报无规定动物疫病小区国家评估。

符合本标准要求；符合规定动物疫病的无疫标准要求；采取符合国家要求的防控措施，有效防控其他动物疫病；取得省级兽医主管部门对无规定动物疫病小区建设的批复性文件；可同时申报一种或几种规定动物疫病的无疫小区评估。

（2）全国动物卫生风险评估专家委员会办公室按照《无规定动物疫病小

区评估管理办法》和相关标准进行评估。评估结果建议经全国动物卫生风险评估专家委员会办公室报农业农村部。

第五节　牛结核病无疫小区创建的步骤

一、无疫小区创建步骤

申请主体既要有建设无疫小区的较高意愿，也要对无疫小区有着正确认识。下面从资质条件、生产单元、各环节生物安全要求、生物安全手册、监测、官方监管等方面说明。

（一）资质条件

（1）申请主体要求为独立的法人或者集团。

（2）要以动物养殖为中心。

（3）生产单元要相对集中，原则上要在同一个县内，即使有个别单元不在县内，也要求在同一个市毗邻县内，且距离200 km以内；生物安全闭环运行。

（4）秉持质量第一、诚信为本的理念。

（二）生产单元

首先要确定养殖单元，之后针对不同的养殖单元确定相应的辅助生产单元和设施，如清洗消毒中心、饲料厂、无害化处理厂、屠宰厂（场）等。以上都确立后，还须建立良好的屏障体系。首先是生产单元屏障，包括每一个生产单元之间的物理屏障、清洗消毒、设施布局、净道污道等；其次是无疫小区屏障，即无疫小区作为一个相对封闭的整体，需要尽量减少与外界的接触；最后是缓冲屏障，根据风险，确定是否在养殖场周边设立3 km以上的缓冲区。

（三）各环节生物安全

重点关注养殖、清洗消毒、饲料、无害化处理、运输、屠宰等环节的生物安全。其中，养殖环节包括引种、场区布局、进出通道、车辆人员物品管理等。饲料环节包括车辆出入、清洗消毒、交叉污染管理、专车专用、运输管理、生产工艺等。清洗消毒包括洗消点布局、洗消中心建设、设备方法、废水处理、净道污道设计等。无害化处理环节包括场所布局、各环节交叉污染管理、委托处理的风险管控等。

(四) 生物安全手册制定

生物安全体系是遵循风险管理基本原则，通过制订生物安全计划、实施生物安全措施，并持续维持和监督的组织制度和管理制度的总称。生物安全手册主要包括组织管理体系、风险评估、生物安全计划和措施等内容。其制定要遵循全面覆盖和具体问题具体分析的原则，不可照搬照套，要根据无疫小区实际情况结合风险评估结果进行制定。确定生物安全手册是否符合要求，要看生物安全计划措施以及标准操作程序能否得到有效落实。每个无疫小区1年内必须进行1次风险评估，1次内审。风险评估是针对风险要素、疫病发生要素、生产管理要素制定防范计划。内审是评审体系符合策划、标准、体系文件的程度以及执行和实施程度。

(五) 监测

申请主体要按照标准要求制定监测计划并确保其有效运行。该监测计划分为企业监测和官方监测。企业监测包括主动监测与被动监测，企业每6个月至少开展1次主动监测；被动监测是对异常或死亡的进行检测和流行病学调查。官方监测也要制定相应的无疫小区监测计划，包括检测实验室、主动监测和被动监测。

(六) 监管

监管要涵盖养殖场户、交易市场、屠宰厂（场）、牛只运输等环节，要强化检疫和监管、强化周边区域疫病监测、强化周边区域疫情防控。

二、无疫小区申报

(一) 申报流程

企业填报《无规定动物疫病小区评估申请书》，同时向所在地县级农业农村部门提交评估申请。县级农业农村部门对于无疫小区申请书的格式、内容及规定疫病状况进行审核，符合要求后，撰写监管情况报告，并将这两份文件一起提交至市级农业农村部门。市级审核递交的材料，提出审核意见，并提交至省级农业农村部门。省级接到报告之后，进行省级评估，省级评估通过了提交至农业农村部。

(二) 官方监管报告

要求包括以下5点内容。

（1）畜牧兽医机构体系（包括实验室）建设情况，包括机构设置、人员配备、经费保障、制度建设等基本情况。

（2）所在县（市、区）规定动物疫病状况及规定动物疫病监测情况。

(3) 畜牧兽医机构对无规定动物疫病小区的监管情况。

(4) 规定动物疫病应急预案、应急储备、应急演练和疫情报告体系等基本情况。

(5) 其他需要说明的事项。

（三）评估

农业农村部设立的全国动物卫生风险评估专家委员会承担无疫小区评估工作。风险评估委员会办公室收到农业农村部通知后，应当在5个工作日内组建评估专家组并指定组长，评估专家组由3人以上单数组成，实行组长负责制。评估专家组按照《无规定动物疫病小区评估管理办法》和《无规定动物疫病小区管理技术规范》要求开展评估工作。评估工作采取书面评审和现场评审相结合的方式。评估专家组应当在5个工作日内完成书面评审。书面评审不合格的，由风险评估委员会办公室报请农业农村部书面通知申请单位在规定期限内补充有关材料。逾期未报送的，视同撤回申请。书面评审合格的，评估专家组应当制定现场评审方案，并在5个工作日内完成现场评审。现场评审综合采用进场核查、在线核实、听取汇报、座谈交流、查阅记录等方式开展，并对养殖、屠宰、运输等环节采样检测。评估过程遵循五项原则。即全面系统：通过评审表内容覆盖无疫小区所有环节；随机抽取：场点随机抽取，记录档案随机查看；木桶原理：各环节生物安全管理水平以短板为准；相互印证：企业各环节之间、企业官方之间、各评审要素间相互印证；证实原则：基于提供材料真实的基础进行评估。若关键项有一项不符合，则一票否决。评估专家组现场评审结果分为"建议通过""建议整改后通过"和"建议不予通过"。其中，需要整改的，由全国动物卫生风险评估专家委员会办公室根据评估专家组建议，书面通知申请单位在规定期限内完成整改。申请单位在规定期限内完成整改后，将整改报告及相关证明材料报评估专家组审核，必要时评估专家组可进行现场核查，形成评审结果。申请单位未在规定期限内提交整改报告及相关证明材料的，视同撤回申请。评估专家组应当在现场评审或整改审核结束后20个工作日内向风险评估委员会办公室提交评估报告，经全国动物卫生风险评估专家委员会审核后报农业农村部。

（四）合格公示

企业需要提供准确的无疫小区名称。另外要对于养殖场的单元名称、地址以及地理坐标（经纬度）精准定位。一经公示则无法更改。

（五）维持和监管

各级畜牧兽医部门对无疫小区进行日常监管、年度监管和抽检。无疫小区的维持标准参照建设标准执行。按照《无规定无疫小区评估管理办法》要求，若在监管过程中发现相应不合格项，相关部门会对无疫小区作出暂停、取消等决定。被取消资格的无疫小区待条件符合后，可再次进行申报。此外，已建成的无疫小区若生产单元发生变更、生产能力发生变化、机构人员有重大变动，都须及时向监管部门汇报相关情况并申请变更。

第六节　净化场、无疫小区的日常管理

一、动物疫病净化场日常管理

根据《动物疫病净化场评估管理指南（2023版）》，国家级动物疫病净化场实行动态监测制度。中国动物疫病预防控制中心受委托对国家级动物疫病净化场进行现场调研和抽样检测，发现不符合净化要求的，将结果报告农业农村部畜牧兽医局，建议暂停或取消其国家级动物疫病净化场资格。有下列情形之一的，暂停国家级动物疫病净化场资格：生物安全管理体系不能正常运行的；监测证据不能证明达到相关疫病净化标准的；当地畜牧兽医机构不能对动物疫病净化场实施有效监管的；其他需要暂停的情形。

被暂停资格的国家级动物疫病净化场应在12个月内完成整改，并向省级畜牧兽医部门申请评估。省级评估合格后，向农业农村部畜牧兽医局提出恢复申请。经农业农村部畜牧兽医局组织评估合格的，由农业农村部畜牧兽医局发文恢复资格；未按期完成整改或未通过评估的，由农业农村部发文取消资格。被取消资格的国家级动物疫病净化场两年内不得重新申报。

属地畜牧兽医部门应落实属地管理责任，对辖区内国家级动物疫病净化场开展日常监督管理和抽样检测，发现问题及时提出暂停或者取消资格的建议，报农业农村部畜牧兽医局并抄送中国动物疫病预防控制中心。

二、无疫小区日常管理

根据《无规定动物疫病小区评估管理办法》，农业农村部对已公布的无规定动物疫病小区开展监督抽查。县级畜牧兽医机构负责对辖区内无规定动物疫病小区进行日常监管。有下列情形之一的，暂停无规定动物疫病小区资格：生物安全管理体系不能正常运行的；监测证据不能证明规定动物疫病无疫状况的；当地畜牧兽医机构不能对无规定动物疫病小区实施有效监管的；其他需要

暂停的情形。

被暂停资格的无规定动物疫病小区，应当在规定期限内完成整改，并向农业农村部提交整改报告，经风险评估委员会评估合格的，农业农村部恢复其无规定动物疫病小区资格。有下列情形之一的，撤销无规定动物疫病小区资格：发生规定动物疫病的；出现第三十四条规定情形，且未能在规定时间内完成整改的；其他需要撤销的情形。

无规定动物疫病小区被撤销资格后，重新达到《无规定动物疫病小区管理技术规范》要求的，所在地省级人民政府畜牧兽医主管部门向农业农村部提出恢复申请，申请材料应包括与资格撤销原因有关的整改说明、规定动物疫病状况、生物安全管理体系运行情况等。经风险评估委员会评估通过的，农业农村部重新认定其无规定动物疫病小区资格。

通过评估的无规定动物疫病小区需要新增生产单元或变更生产单元用途的，经自评估合格后，由省级人民政府畜牧兽医主管部门向农业农村部提出变更申请。经风险评估委员会评估通过的，农业农村部重新认定其无规定动物疫病小区生产单元的数量、名称和地理位置，并对外公布。

第二篇

牛结核病的常规检测技术

第一章 牛结核病常用检测方法与适用范围

第一节 牛结核病检测目的与意义

牛结核病是一种具有重大公共卫生意义的慢性消耗性人兽共患病。牛结核病不仅造成了严重的经济损失，还对公共卫生安全构成潜在威胁。早期精准的检测对于控制牛结核病传播、维护畜牧业可持续发展以及确保公共卫生安全具有重要意义。

一、控制疫情传播

通过早期发现牛结核病感染牛群，及时采取隔离、无害化处理等措施，可以有效控制疫情在牛群中的传播，减少经济损失。

二、保障畜牧业健康发展

牛结核病的防控有助于维护畜牧业健康发展，提高养殖者的经济效益，实现降本增效，增强市场竞争力，实现养牛业高质量发展。

三、保护公共卫生安全

加强牛结核病的检测、净化工作，有助于切断牛结核病通过接触及污染畜产品向人传播的源头，降低人感染结核病的风险，保障公共卫生安全。

第二节　牛结核病检测的样品采集与处理

一、样本种类及用途

1. 根据采样部位的不同

（1）组织样本：包括剖检的组织、活检组织这些样本主要用于病理学诊断、细菌的分离培养鉴定和分子生物学检测。

（2）血液样本：包括外周血、血浆、血清等，血清、血浆可用于牛分枝杆菌 ELISA 抗体检测，肝素钠抗凝全血可用于牛结核病 γ-干扰素检测。EDTA 抗凝全血用于分子生物学检测。

（3）拭子样本：包括口腔拭子、肛肠拭子、阴道拭子、环境拭子，用于牛结核分枝杆菌镜检、分离培养及分子生物学检测。

（4）体液样本：痰液、尿液和牛奶等样本，以及胸腔积液、腹腔积液、脑脊液和肺泡灌洗液等特殊体液样本，这些样本主要用于病理学诊断和分子生物学检测。

2. 根据检测方法的不同

（1）病理学方法：包括组织切片染色、免疫组织化学、逆转录聚合酶链反应等，这些方法主要用于组织样本的检测。

（2）分子生物学方法：用于检测疾病病因、疾病进展、基因测序等，这些方法主要用于血液和其他体液样本的检测。

（3）免疫学方法：包括流式细胞术、酶联免疫吸附试验和化学发光免疫检测等，这些方法主要用于血液和其他体液样本的检测。

二、采样前准备

1. 牛结核样本作业指导书

为了确保采样过程的正确性和有效性，动物疫病预防控制中心或第三方兽医实验室需要编写详细的正确采集和处理原始标本的牛结核病采样作业指导书。这份指导书应包括如何正确采集和处理原始标本的详细步骤，为牛场样本采集人员提供清晰的操作指南。

2. 制订采样计划

根据牛结核分枝杆菌检测项目的要求，牛场样本采集人员或兽医社会化服务人员需要提前确认并制定采样计划。这个计划应包括要采样的牛数量、采样部位、采样时间、采样方法样本的保存及运输包装标准等内容，以保证采样、送样过程有条不紊地进行。

3. 准备人员防护用品和采样工具

（1）人员防护用品：牛场样本采集人员或兽医社会化服务人员应提前准备个人防护用品，如手套、口罩、防护服等。

（2）采样工具：采样试子、采样管、无菌采血器、抗凝采血管（肝素钠、EDTA）、15 mL采样管、60 mL采样杯、粪便采样杯、生物安全自封袋等采样工具。确保采样工具的无菌性，可以避免样本的污染和细菌交叉感染。

4. 标记采样牛

在采集样本之前，通过认真核对牛号，对于已经采样的牛，可以用蜡笔在它们身上做好标记。这样可以帮助避免对同一头牛进行重复采样，确保每个样本的唯一性和准确性。

三、样本的采集和保存

对于用于牛结核分枝杆菌检测的标本，除了肝素钠抗凝全血用于牛结核病γ-干扰素检测外，其他标本如不能在采集后2h内送至实验室，应保存在4℃的环境中，低温可以减缓细菌的生长和繁殖，从而延长标本的有效期。实验室在收到标本后，如果不能及时进行处理，应将标本放入专用冰箱内冷藏保存，以确保标本的质量和安全性。此外，标本采集到接种的时间间隔不应超过7 d。长时间的保存可能导致细菌的死亡或失去活性，从而影响培养结果的可信度。正确的样本采集、保存、运送和处理对于牛结核病的检测和诊断至关重要，需要严格按照规定进行操作，以确保结果的准确性和可靠性。

（一）样本采集和保存的基本要求

采集的样本应具有代表性，能够真实反映牛的健康状况；采集过程中要遵循无菌操作原则，避免污染样本；采集后的样本要立即送至实验室进行处理，避免长时间的运输和保存影响检测结果；实验室应具备相应的设备和条件，能够进行规范的样本处理和检测工作。

（二）生物安全防护

样本采集人员和辅助人员穿戴符合生物安全防护水平相适应的个人防护用品，用完后全部无害化处理。在采集牛结核病样本的过程中，生物安全防护是确保工作人员和环境安全的重要措施。

1. 个人防护用品及无害化处理

样本采集人员和辅助人员必须穿戴符合生物安全防护水平相适应的个人防护用品。这些用品包括医用防护服、医用防护帽、N95 口罩、外科手术手套、面屏等，可以有效地防止牛结核侵入和传播。使用的防护用品应当在使用后进行正确的处理以防止二次污染。

2. 采样工具无菌及无害化处理

在采集样本时，需要使用专用的采血器、真空采血管、奶样杯、粪便杯等，采血器等必须是已经消毒并符合卫生标准的。使用完后的采血器等应当进行无害化处理，以防止病菌的传播和环境污染。

（三）痰液、口腔拭子、阴道拭子、粪便、尿液、牛奶

牛结核分枝杆菌 PPD 皮内变态反应检测阳性牛或者疑似牛，需要采集口腔拭子、阴道拭子、粪便、尿液（中段尿）、牛奶各 1 份。当日采集当日送达，不得超过 24 h。实验室接收样本后对当日不能进行细菌培养和分子生物学检测的标本，须放入 4℃ 牛结核病专用冰箱保存，注意防止样本交叉污染。

1. 质量要求

需要满足一定的数量和质量要求。拭子保存液不得少于 3 mL、粪便不得少于 50 g、尿液需采集中段尿至少需要 40 mL、奶样至少需要 100 mL。量不足的样本属于不合格标本，实验室将拒绝接收并退回重新采样。

2. 无菌操作

拭子保存液使用前无菌，用无菌离心管和采样杯或者使用前严格高压灭菌消毒，使用前保持无菌状态，避免引起交叉污染。

（四）无菌采集组织器官

采集的样本包括颈部淋巴结、肠系膜淋巴结、腹股沟淋巴结、乳房淋巴结及结核病结节等。在将采集的组织样本运输至实验室的过程中，应将样本放入保温箱中，并保持保温箱的温度在 4~15℃。如果需要长途运输，样本可以冷冻保存并运输。

1. 无菌操作

采集组织标本时要严格遵守无菌操作。在采集组织样本前，使用酒精火焰对将要采集的部位进行消毒，这是为了减少样本被污染的风险。在采集完样本后，应迅速将其放入无固定剂或防腐剂的无菌采样杯中，这样做可以避免样本受到外界环境的污染。

2. 质量要求

组织样本不能浸泡在盐水或其他不明液体中，也不能用纱布等物品包裹。

同时，组织样本的重量不能少于 5 g，并及时运送至实验室进行进一步的处理和检测。对于病变组织，应尽量从病变组织周边采集样本，这样可以更好地了解病变组织的性质和特征。如果样本曾被甲醛溶液浸泡过，那么这些样本就不能用于细菌培养，因为甲醛溶液会对细菌产生杀灭作用，从而影响细菌培养的结果。

（五）血液样本的质量和安全性

在采集和处理血液样本的过程中，必须严格遵守血液采样规定，以确保试验结果的准确性。如果有任何违反规定的情况发生，应当立即采取补救措施，并重新采集样本以确保样本的有效性。从而为实验室检测提供准确可靠的结果。

1. 血清样本

对于血清样本，要求其总量不得少于 2 mL，同时不能出现溶血现象。确保样本的有效性和实验结果的准确性。如果血清量不足或者出现溶血，则为不合格样本，需要重新采集。

2. 肝素钠抗凝全血

要求其总量不得少于 5 mL。此外，样本需要在常温下保存并在 8 h 内送至实验室，以保持样本的新鲜度和准确性。如果血液量不足、溶血或者血液凝固，则为不合格样本，需要重新采集。

3. EDTA 抗凝全血

EDTA 抗凝全血总量不得少于 5 mL，如果血液量不足、溶血或者血液凝固，则为不合格样本，需要进行重新采集和处理。

（六）样本的运送

样本运送是结核病实验室工作流程中的重要环节，正确的样本运送可以保证样本的完整性和安全性，从而确保实验室检测结果的准确性。

1. 生物安全包装和样品标识

无论样本的运送距离远近，都应按照生物安全要求进行包装和标识。包装应采用防漏、防穿透的材料，以防止病原体污染环境或逃逸。同时，每个样本应具有唯一的标识码，以避免混淆和错误处理。

2. 填写采样单

样本采集完成后填写与样本唯一性编码对应的采样单。采样单是记录采样相关信息的重要文件，包括养殖场/户名称、采样时间、采样地点、牛号、品种、年龄、样品编号、样本类型、采集部位等信息。采样单应放入干净的自封袋中，与送检标本容器分开，以防止污染。

3. 样本的完整性

在样本运输过程中,要保证样本的完整性,防止溢洒而污染环境或造成人员污染。因此,在运输过程中要注意采样杯、离心管和采血管的密封性,并确保第二层容器的包裹安全性。

4. 温度控制

样本运送过程要按照生物安全和样本检测要求的温度范围进行。不同的病原体和检测方法对温度有不同的要求,因此要确保样本在运输过程中温度维持在适宜范围内。

5. 生物安全运输

(1) 运输病原微生物标本时,必须符合生物安全运输要求。样本运送方式要遵守国家、区域和地方法规的要求,确保对样本运送者、样本运送车辆、环境、公众及接收实验室的安全。

(2) 第二层容器的选择。为了防止结核样本发生意外渗漏或液体溢出,运输牛结核样本时,应使用金属的或塑料材质的第二层容器(如盒子)加以包裹。在第二层容器中应有样本离心管、采血管以及采样杯的支架,以保持样本的稳定性。将离心管、采血管以及采样杯固定在支架上,以使其保持直立。第二层容器的选择和使用对于样本的完整性和安全性至关重要。选择耐高压容器。这可以确保在清洗和消毒过程中不会破坏容器的完整性,从而防止病原体污染。

(3) 容器应具备适当的防腐蚀性,封口处最好有一个可靠的垫圈或密封设计,以防止样本发生渗漏。如果发生渗漏,应立即采取消毒措施,确保样本和环境的安全。

6. 人员安全

无论何时,如果发现样本渗漏或出现其他安全隐患,必须立即采取紧急措施,以确保人员的安全。这可能包括立即停止实验室工作、疏散相关区域的人员等。

7. 紧急处理措施

一旦发现污染,应立即采取紧急措施。这可能包括隔离受污染的区域、使用消毒剂进行清洁、追踪可能受到影响的动物和人等。

四、样本的接收

实验室应当制定完整的样本接收流程,严格把控样本的质量关,确保送样人员和实验室之间的沟通和记录,避免不合格样本进入实验室影响整体的工作进度。

1. 制定接收流程

实验室应制定样本的接收流程，包括核对样本的标识、类型、采样部位、质量、体积、检测项目和数量等相关信息。

2. 设置单独的标本接收室

实验室应设置一个单独的标本接收室，用于接收和处理送检的样本。这样可以避免样本之间的交叉污染，并确保实验室的生物安全。

3. 个人防护用品的穿戴

样本接收人员需要穿戴符合生物安全防护水平相适应的个人防护用品，包括隔离衣、防护帽、医用口罩、乳胶手套等。这些防护用品可以减少样本对工作人员的污染风险。

4. 培训合格后才能上岗

样本接收人员需要接受相关的培训，了解实验室生物安全知识和操作规范，确保他们能够正确地接收和处理样本。

5. 核对样本信息

样本接收人员在收到送检样本时，应认真核对样本信息，确保样本的标识清晰、准确，并且与所附的采样单信息一致。

6. 检查样本质量

样本接收人员还需要检查样本的质量，包括样品的完整性、是否有溢洒或污染等情况。如果样本不符合要求，应当拒收或要求送样人重新采集样本。

7. 样本接收记录

实验室综合业务室专人负责样本接收，接收到每个样本时都需要在接样记录表或实验室信息管理系统中进行记录。这些记录应包括样本的来源、数量、类型、接收时间等信息，以确保样本的正确性和可追溯性。

8. 双方认可签字

样本送检人员和样本接收人员都应当对样本的接收过程进行认真记录，包括记录样本的信息和检测项目等，完成样本接收后，样本接收人员需要在接样记录表或实验室信息管理系统中完整填写样本接收登记表，并由送样人和实验室双方认可签字，以确保样本的准确性和交接过程的规范性。

9. 处理不合格样本

如果接收的原始样本不合格，实验室应在最终的报告中说明样本不合格的原因，并在检验结果解释中予以说明。同时，实验室应当采取适当的措施处理不合格的样本，以避免对实验室工作和其他送检样本造成影响。

第三节　细菌学检测

细菌学检测是通过采集牛只的痰液、乳汁、粪便等样本，利用特定的培养基和技术手段，将样本中的结核分枝杆菌分离出来并进行纯化培养的方法。该方法在牛结核病的诊断中具有高准确性，并且具有重要意义。但检测周期长、实验室条件要求高以及敏感性较低等缺点限制了其广泛应用。

一、试验操作

（一）牛结核分枝杆菌的涂片镜检

1. 涂片

先在玻片上涂布一层薄甘油蛋白（鸡蛋白20 mL，甘油20 mL，水杨酸钠0.4 g，混匀），然后吸取标本滴加其上，涂布均匀。如检验标本为乳汁等含脂肪较多的材料，在涂片制成后，可先用二甲苯或乙醚滴加覆盖于涂片之上，经摇动1~2 min脱脂后倾去，再滴加95%酒精以除去二甲苯，待酒精挥发后即可染色。

2. 染色镜检

使用萋-尼氏（Ziehl-Neelsen）抗酸染色，将处理过的被检材料涂片后，经火焰固定，加苯酚复红染色液覆盖，将玻片在火焰上加热至出现蒸汽，但是不能产生气泡，如此热染5 min。水洗后滴加3%盐酸酒精脱色30~60 s，至无色素脱下为止。水洗后，以骆氏美蓝染色液复染1 min。水洗、吸干、镜检。抗酸菌应不被盐酸酒精脱色而染成红色，其他细菌与动物细胞可被盐酸酒精脱色而均被染成蓝色。牛结核分枝杆菌在显微镜下呈细长平直或微弯曲的杆菌，长1~4 μm，宽0.4~0.6 μm，较短粗，在陈旧培养基上或干酪性淋巴结内的菌体，常有不典型形态，可呈颗粒状、短棒状、长丝形、串球状等。

（二）培养及生化鉴定

1. 分离培养

将经过处理的病料接种到改良LJ培养基上，改良罗氏（L-J）培养基配制如下：将磷酸二氢钾2.4 g、硫酸镁0.24 g、柠檬酸镁0.6 g、甘油12 g、DL-天门冬素3.6 g和蒸馏水600 mL混合，加热溶解。将马铃薯粉30 g加入上述溶液内，随加随搅拌，水浴煮沸1 h。鸡蛋用75%酒精消毒外壳后打开，将蛋清和蛋黄充分搅匀，四层纱布过滤。将上述加马铃薯粉的盐溶液冷却至

50℃时，加入鸡蛋液 1 000 mL 和 2%孔雀绿溶液 20 mL，并充分搅匀。分装于试管中，80℃灭菌 30 min 后，37℃培养 48 h，若无杂菌污染即可使用。配好的培养基，可在 4℃保存 4 周。

每份样品同时接种 2~4 管，在 37℃培养 1 d 后，以熔化的石蜡封口，继续培养 8~12 周。牛分枝杆菌在固体培养基上菌落湿润、略显粗糙，加入 1%的丙酮酸钠可促进其生长。

2. 生化鉴定

结核分枝杆菌在罗氏（L-J）和 TCH 培养基上生长，牛分枝杆菌仅在 L-J 培养基上生长，而禽分枝杆菌在 PNB、TCH、L-J 这 3 种培养基上均可生长。

牛分枝杆菌不能合成烟酸，也不能还原硝酸盐，而结核分枝杆菌的这两项试验均为阳性。

各型菌均产 H_2O_2 酶。结核分枝杆菌和牛分枝杆菌的触酶试验呈阳性，但触酶试验呈阴性，禽分枝杆菌的这两类试验均为阳性。耐热触酶试验检查方法是将浓的细菌悬液置 68℃水浴加温 20 min，再加入 H_2O_2，观察是否产生气泡，有气泡者为阳性（表1）。此外，各型菌均为不发酵糖类。

表 1　常见分枝杆菌的生化试验特性比较

菌型	烟酸试验	Tween-80水解试验	触酶试验	硝酸盐还原试验	尿素酶试验	TCH抗性试验	PNB培养基
牛分枝杆菌	-	-	-	-	+	-	-
结核分枝杆菌	+	-	-	+	+	+	-
禽分枝杆菌	-	-	+	-	-	+	+

二、优点

诊断准确性高：细菌学检测是诊断牛结核病的"金标准"，具有最高的准确性。通过直接检测到结核分枝杆菌的存在，可以确诊牛是否感染牛结核病，避免了其他检测方法可能存在的假阳性或假阴性结果。这种方法对于确定传染原、考核和评价疗效以及流行病学研究都具有重要价值。

三、检测局限性

（一）检测周期长

细菌分离培养法的检测周期较长，一般需要数周时间才能得到结果。这在紧急情况下可能无法及时提供诊断结果，从而延误了疾病的防控和治疗。

（二）实验室条件要求高

细菌分离培养法对实验室条件要求较高，需要具备专业的生物安全设施和技术人员。实验室需要严格控制环境条件，如温度、湿度、无菌操作等，以确保试验的准确性和安全性，同时，技术人员需要具备丰富的经验和专业知识，以正确处理和解释试验结果。

（三）敏感性较低

尽管细菌分离培养法具有最高的准确性，但其敏感性相对较低，据报道约有20%以上结核病例培养失败。牛感染了结核分枝杆菌，也可能无法通过细菌分离培养法检测到。可能是由于结核分枝杆菌在样本中的含量较低、样本采集不当或处理过程中存在误差等原因导致的。

四、注意事项

（一）样本采集

样本的采集对于细菌分离培养法的准确性至关重要。应选择适当的样本类型（如痰液、乳汁、粪便等），并确保样本的完整性和代表性。在采集过程中，应遵循无菌操作原则，避免污染和交叉感染。

（二）试验操作

在试验过程中，应严格遵守实验室操作规程和安全规范。使用专业的培养基和技术手段进行细菌分离和纯化培养。对试验结果进行准确记录和解释，避免误判和漏诊。

综上所述，在实际应用中，需要根据具体情况选择合适的检测方法，并结合其他诊断手段进行综合判断。

第四节　分子生物学诊断

一、PCR 检测

聚合酶链式反应（PCR）是一种用于放大扩增特定的 DNA 片段的分子生物学技术。PCR 是基因的体外扩增法，其特异性依赖于与靶序列两端互补的寡核苷酸引物，可以快速、特异地扩增任意已知目的序列或者 DNA 片段。利用 PCR 技术扩增结核分枝杆菌的 DNA 片段是检测结核病的一种快速、敏感的方法。但是这种方法不仅对专业人员的技术要求较高，而且扩增子气溶胶污染可导致假阳性，标本中抑制物质的存在可导致假阴性，试剂盒缺乏规范化、标准化是影响结果可信性的关键。PCR 方法的特别之处在于可快速检测微量结核分枝杆菌的 DNA，主要用来确诊屠宰场通过大体病变检测出的病牛或者牛奶样本中检测出的牛结核分枝杆菌。目前，结核病分子流行病学诊断的核心为 PCR 技术与分枝杆菌种的鉴定相结合。具体步骤如下。

（一）核酸提取

从样本中提取 DNA，然后将其作为模板进行目的序列扩增，将 PCR 产物进行回收、纯化、定量，并进行序列测定。

（二）扩增及电泳检测

电泳检测 PCR 扩增产物，对于牛分枝杆菌单重或二重 PCR 检测，样本呈现特异扩增产物，进行测序（表 2）。

表 2　牛分枝杆菌 PCR 扩增

引物名称	扩增引物
MBF	上游引物：5′-ACGCGACGACCTCATATTCC-3′
MBR	下游引物：5′-CACCCAGAGGCGAACAGAT-3′

第一步，94℃ 3 min；

第二步，94℃ 20s、60℃ 20s、72℃ 30 s，35 个循环；

第三步，72℃ 1 min。

二、实时荧光定量 PCR 检测

荧光定量 PCR 是利用荧光信号的变化实时检测 PCR 扩增反应中每一个循环扩增产物量的变化，并通过 Ct 值和标准曲线的分析对起始模板进行定量检测的方法。该方法实现了对 PCR 指数增长期的闭管信号检测，不但检测灵敏度高、污染概率小，且可对初始模板进行相对或绝对的定量检测。

（一）适用范围

适用于临床采集牛结核 PPD 阳性或 PPD 疑似样品，同步使用能够提高牛结核病诊断的准确性和及时性，从而确定病牛是否感染结核病。另外，荧光 PCR 检测技术还可以对样品细菌培养物进行检测，相比传统的细菌学检测方法，荧光 PCR 检测技术具有更高的灵敏度和更快的检测时间，避免传统细菌学检测方法的烦琐步骤和时间消耗，从而加快了诊断速度。因此，荧光 PCR

检测技术可以作为牛结核病诊断的重要辅助手段，以提高牛结核病诊断的准确性和及时性，从而获得更准确的结果，提高了牛结核病防控的效率。

（二）检测样品

荧光 PCR 检测技术可检测牛结核病阳性培养物或临床采集样品，包括痰液、血液、尿液、牛奶和组织等。只要经过适当的前期处理和核酸提取，就可以用于荧光 PCR 检测。

1. 仪器设备

（1）二级生物安全柜和超净工作台：这些设备为实验操作提供了清洁和安全的环境，可以防止细菌和病毒等有害物质的污染。

（2）各种规格可调微量移液器：这些用于精确地转移和处理液体。

（3）组织匀浆仪：用于将组织样本破碎，从而释放其中的 DNA 或 RNA，为后续的核酸检测做好准备。

（4）全自动核酸提取仪：可以自动从样本中提取出牛结核分枝杆菌 DNA，提高核酸提取工作效率。

（5）台式高速冷冻离心机：用于在低温下快速分离样品。

（6）恒温水浴锅或者金属浴：用于在实验过程中维持一定的温度，对于需要控制温度的实验步骤尤其重要。

（7）荧光定量 PCR 仪：对提取的牛结核分枝杆菌 DNA 进行定量和定性分析。

（8）涡旋振荡混合器：用于混合样品或试剂，有助于确保实验的一致性。

（9）冰箱：用于储存样品和试剂，其中的温度可以调节以适应不同的储存需要。

2. 试剂耗材

（1）牛结核分枝杆菌荧光 PCR 检测试剂盒。

包含进行荧光 PCR 检测所需要的所有关键试剂——引物、探针、DNA 聚合酶等。在选择试剂盒时，需要根据实验室的具体需求（比如试剂成本、可操作性、工作量和周转时间等因素）来进行选择用于临床诊断。牛结核分枝杆菌荧光 PCR 检测试剂盒需要满足中国兽药监察所的相关要求。

（2）核酸提取试剂盒：包括柱式核酸提取试剂盒和磁珠法核酸提取试剂盒试剂，用于从样本中提取牛结核分枝杆菌 DNA。

（3）无菌、无酶的 PCR 级别耗材：包括各种规格带滤芯一次性吸头（10 μL、20 μL、100 μL、1000 μL），带螺旋盖的微量离心管，荧光 PCR 八连管及管盖，96 孔反应板及封板膜等。这些耗材在处理和操作 DNA 或 RNA 时需要使用,以确保实验的清洁度和准确性。

3. 前期准备

(1) 牛结核分枝杆菌荧光 PCR 检测试剂盒预处理,为了保持试剂的稳定性或活性,每次检测前,需提前把试剂从冰箱中取出来,放入超级工作台,平衡至室温。

(2) 标识实验室样品,将实验室样品编号贴于离心管,确保在后续的实验过程中可以准确地追踪和记录数据,有助于实验过程中的记录和数据分析。

(3) 打开生物安全柜备用。在开始实验之前打开生物安全柜,可以确保其处于工作状态,确保实验室工作人员的安全。

4. 样品处理

样品处理须在二级以上生物安全实验室,在生物安全柜内操作。

(1) 牛奶样本的前处理,主要是为了从牛奶中提取出核酸。

登记样品编号:对每个牛奶样品进行登记,并做好相应的记录,以便于后续追踪和数据处理。

打开牛奶样品螺旋盖:用手打开牛奶样品螺旋盖;或者使用适当的工具,如用开盖器或全自动开盖器。

吸取样品:用移液器从每个牛奶样品中吸取 10 mL,并将其转移至一个 15 mL 的离心管中。

加入 TritonX-100:向每个离心管中加入 100 μL 的 TritonX-100,然后振荡混匀。TritonX-100 是一种非离子表面活性剂,常用于裂解细胞,释放细胞内的核酸。

离心:将混合物在 2 500 g 的条件下离心 20 min。这个步骤的目的是将牛奶中的不同组分分离,以便于后续的处理。

在离心之后,弃上清液(奶清),留下沉淀(奶酪)。

加 PBS:向每个沉淀中加入 1 mL 的 0.01 mol/L,pH 值 7.6 的 PBS(磷酸盐缓冲液)。PBS 可以在不改变环境 pH 值的情况下提供离子平衡,有助于保持生物分子的天然活性。充分振荡混匀后,使得沉淀物重新悬浮在 PBS 中。

将混合物在 15 000 g 的条件下离心 10 min。去除上清液,收集沉淀物。这个沉淀物中应该包含了牛奶中的核酸。

继续进行核酸提取,或者将沉淀物存储在-20℃的环境中备用,为后续的实验或检测做准备。

(2) 咽拭子、生殖泌尿道分泌物拭子。

向样品中加入 1 mL 无菌生理盐水,充分振荡混匀,15 000 g 离心 5 min。

弃上清，沉淀加无菌生理盐水 1 mL 混匀，移至 1.5mL 离心管内 1 500 g 离心 5 min。弃上清，留取沉淀于 1.5 mL 离心管内，2~8℃冰箱保存待测。

向样品中加入 1 mL 无菌生理盐水：这有助于保持微生物的生存，同时帮助样品达到一定的稀释度，使其中的微生物更容易分离。

充分振荡混匀：通过混合样品和生理盐水，使样本中的微生物均匀分布。

离心：15 000 g 离心 5 min，使样品中的不同成分以不同的速度沉降，从而实现分离。上清液主要是无菌生理盐水，而沉淀物主要包括样本中的微生物。弃去上清液，向沉淀物中加入新的无菌生理盐水，并混合均匀，洗脱可能黏附在离心管壁上的微生物，保持微生物的生存。

样本纯化：将混合物移至新的 1.5 mL 离心管中，1 500 g 离心 5 min，进一步纯化样本。弃上清液，就是微生物的集合。

继续进行核酸提取待测，或者将沉淀物存储在-20℃的环境中备用，为后续的实验或检测做准备。

（3）全血样品前处理。

取 1~2 mL EDTA 抗凝全血样品，15 000 g 离心 10 min，使得血液中的不同成分（如红细胞、白细胞、血小板等）分离。弃掉上层的液体（血清或上清液），留下沉淀物。

向沉淀物中加入纯水或无菌水，使血细胞充分裂解。充分振荡混匀后再次离心 15 000 g 离心 10 min，弃上清液。若红血球裂解不完全，应采用纯水或者无菌水重复洗涤，振荡混匀，离心，弃上清液这一过程，直到红细胞完全裂解。

收集沉淀物，继续进行核酸提取，或置-20℃贮存备用。

（4）血清样品前处理。

取 1~2 mL 血清样品：这是从全血样品中得到的上清液，其中不包含血液细胞。15 000 g 离心 10 min，弃上清液，留下沉淀物。

向沉淀物中加入 pH 值 7.6 的 PBS 缓冲液（一种可以维持溶液酸碱度的盐溶液），并用振荡器充分混匀。再次以 15 000 g 的转速离心 10 min，倒掉上清液，留下沉淀物。

收集到的沉淀物可以进行核酸的提取，或者放在-20℃的环境下保存起来备用。

（5）组织样品前处理方法。

取适量组织样品，需要使用安全的剪刀将组织样品剪成小块，大约为黄豆大小，将组织样本放入研磨管中，将磁珠放入研磨管，加入 1.0 mL 生理盐水。

研磨：将研磨管放入高速冷冻研磨仪中，按照 3 000 r/min 的研磨速度进行研磨，研磨时间的长短可以根据样品的具体数量自主决定。

核酸提取，如果暂时不进行核酸提取，可以将沉淀物在-20℃的环境下保存备用。

（6）粪便样本前处理。

用一次性取样勺，从粪便杯中取粪样 1~2 g。按 1∶5 的比例加入 4% 硫酸溶液（每克的粪样中加入 5 mL 的硫酸溶液），硫酸的作用主要是帮助分解粪样中的有机物，使其中的核酸能够更好地被提取出来。

在加入硫酸溶液后，将粪样和硫酸溶液振荡混匀后，室温静置 30 min 至 1 h，这个时间有利于粪样中的有机物更好地分解，也有助于核酸的提取。

取上清液体约 3mL（避免吸取粗渣），5 000 g 离心 1 min，以分离其中的不同成分，去除其中的一些大分子物质，取上清液。15 000 g 离心 10 min，进一步分离其中的小分子物质和大分子物质，得到更纯的核酸。弃上清液，加等量 0.01 mol/L pH 值 7.6 的 PBS，振荡混匀，使沉淀充分悬浮，保持核酸的活性。15 000 g 离心 10 min，弃上清液，重复本步骤 1 次。收集沉淀物，继续进行核酸提取，或置-20℃贮存备用。

分离培养物时需要在适当的实验室条件下进行，并需要接受过相关培训的专业人员来操作。确保遵循所有的安全规定，并始终使用正确的设备来处理可能存在的有害微生物。

若采用固体培养基分离培养，使用无菌的接种环来收集固体培养基上的培养物。为了保证无菌操作，应在生物安全柜中进行此步骤，减少操作者和环境中的微生物污染。将接种环浸入无菌无 DNA 酶的双蒸水中，并轻轻旋转以洗下培养物。若采用液体培养基则直接移取 1 mL 培养液备用。

为了确保样本不会在后续处理中复活，在 95℃下保持 20 min 是常用的灭活方法。

将灭活后的样本在 1 500 g 的离心速度下离心 5 min。去除上清液，将沉淀物留在 1.5 mL 的离心管中，并在 2~8℃的冰箱中保存备用。

5. 核酸提取

（1）对照设立。应设置阳性对照、阴性对照。在实验过程中设立对照是至关重要的，它可以验证实验的准确性并排除潜在的误差。阳性对照用于验证 PCR 反应是否成功扩增了目标 DNA。阴性对照是指不含目标 DNA 的样本，用于验证 PCR 反应没有错误地扩增非目标 DNA。

(2) 全自动核酸提取。自动化核酸提取通常采用磁性颗粒吸附提取方法，这种方法的优点在于高效、快速、自动化程度高，可以减少人为操作错误和误差。可以自动完成样本预处理、核酸提取、清洗和纯化等步骤，从而提高提取效率和准确度。

(3) 手工提取。手工提取法相对自动化核酸提取仪来说，操作更加灵活，适用于实验室条件不足或特殊样品处理等情况。常见的超声波破碎法是通过高频率的超声波破碎细胞，使核酸释放出来。酶消化裂解法是利用特定的酶将细胞裂解，释放出核酸。高温裂解法则是利用高温使细胞裂解，释放出核酸。冻融法则是在低温下使细胞冻融，从而释放出核酸。

不同的核酸提取方法对实验条件、操作技能和试剂成本等有不同的要求，需要根据实际需求选择合适的提取方法。

6. 反应体系配制

(1) 阅读说明书，了解并掌握说明书的操作步骤。按照试剂盒说明书进行配制，在进行实验之前，需要仔细阅读试剂盒的说明书，了解所需的材料和步骤。不同的试剂盒可能有着不同的配制方法，因此必须按照说明书上的指示进行操作，避免出现错误。不同的实验和试剂盒可能会有一些特殊的步骤和要求，所以在实际操作时还须结合具体情况进行灵活调整。

(2) 试剂回温。从冰箱中取出荧光 PCR 试剂盒并在室温下放置 30 min 以上，以便试剂完全融化。等试剂完全融化后瞬时离心后将试剂盒放置在冰盒上。

(3) 根据被检样品总数等计算 PCR 反应预混液的数量，荧光 PCR 反应预混液数量=被检样品总数+阴性质控标准品+弱阳性质控标准品+阳性质控标准品+1。最后，将各试剂（无菌无酶水、PCR 反应液、酶混合物、荧光探针等）使用量吸取到 1.5 mL 离心管中，涡旋混匀或者上下颠倒充分混匀。将配制好的反应预混液加入八连管中。

(4) 多数商品化试剂盒采用预先配制完成的反应管，其中包含了进行实验所需的各种成分，例如引物、探针、酶、dNT 和缓冲液等组成的预混液。在准备好预混液后，只需要加入模板，即需要进行反应的 DNA 或 RNA 样品。

7. 核酸扩增与检测

(1) 加样将核酸提取好的 DNA 模板、阳性质控品、阴性质控品分别加入预先设定好的反应管中，盖好管盖，混匀并做好标记。然后以 4 000 r/min 的转速离心数秒，使样品在管底集中，方便下一步的荧光 PCR 扩增。

(2) PCR 扩增。

① 标记。将已经加入模板 DNA 和 PCR 预混液的八连管放入荧光定量 PCR 仪反应槽内，做好标记。

② 样本信息。按对应顺序分别设置每个样品信息，包括阴性对照、阳性对照以及检测样本。编辑每个样品的名称，以便在后续的分析中可以准确地统计数据。

③ 反应条件设置。按照试剂说明书设定牛结核分枝杆菌 PCR 反应条件。这个条件通常包括变性温度和时间、复性温度和时间、延伸温度和时间等。例如第一阶段是预变性，温度为 95℃，时间 10 min，1 个循环；第二阶段是两个温度的循环，95℃ 10 s（变性），60℃ 45 s（复性/延伸），共进行 40 个循环（表3）。并且在 60℃ 退火延伸时进行荧光收集。

表 3　循环参数设置

步骤	循环数	温度（℃）	时间	收集荧光信号
1	1 个循环	95	10 min	否
2	40 个循环	95	10 s	否
		60	45 s	是

④ 选择荧光通道，选择标记荧光基团种类，荧光检测选择 FAM 通道。FAM 是一种常见的荧光基团，经常被用于标记荧光探针。在荧光定量 PCR 中，FAM 通道可以检测和记录这个荧光信号，定量 PCR 产物。在设置完成后，保存文件并运行程序。在和荧光 PCR 联机的电脑上或者 PCR 仪的用户界面中完成，要确保所有的设置都正确无误，才能得到准确的结果。

⑤ 检测数据保存。当 PCR 反应结束后，保存检测数据，并记录仪器自动分析计算出的 Ct 值。Ct 值是荧光定量 PCR 中一个重要的参数，它代表了样品中目标 DNA 的起始拷贝数和荧光信号的阈值线之间的交叉点。

(3) 分析条件设定。

一般按仪器自动分析的结果综合分析，上下拖动阈值线来确定它与阴性对照扩增曲线的最高点的关系。阈值线的设定原则是刚刚超过阴性对照扩增曲线的最高点。不同的仪器可能会根据其噪声情况对这个阈值进行微调。

(4) 质控标准。

阴性对照和空白对照无 Ct 值且无特异性扩增曲线表示实验没有受到污染或者没有出现非目标扩增。

阳性对照 Ct 值应≤30 并且出现特异性扩增曲线。
只有这些条件同时满足，表示试验体系是有效的，否则实验视为无效。
（5）结果判定。
阳性反应结果判定：检测结果 Ct 值≤35，且扩增曲线有明显的指数增长，判定为荧光 PCR 阳性反应。
阴性反应结果判定：检测结果无 Ct、无扩增曲线，判为荧光 PCR 阴性反应。
可疑反应结果判定：检测结果 35<Ct 值<40，应重复取样检测。如果重复检测结果 Ct 值<40，且曲线有明显的增长曲线，判定为阳性反应，否则判为荧光 PCR 阴性反应。

8. 检测步骤简述
（1）样品采集：包括口咽拭子、鼻咽拭子、血液样本或其他生物样本。
（2）样品前处理：将采集的样本进行初步的处理，如离心、除菌、提取等，以去除杂质和不必要的物质，为下一步的试验做好准备。
（3）反应体系配制：包括加入必要的试剂、酶、引物和探针等。
（4）核酸提取：用特定的试剂或方法从样品中提取出所需的核酸。
（5）加样（模版）：提取的核酸被加入反应体系中作为模板。
（6）PCR 扩增。
（7）结果判定。

9. 试验操作注意事项
（1）反应中尽量避免气泡存在，气泡可能会影响反应的进行，比如降低反应液的浓度。
（2）压紧管盖防止反应体系被污染，同时也能避免气体泄漏。
（3）防止试验操作过程中产生污染，使用一次性吸头和一次性手套可以防止生物污染，各区专用防护服可以防止不同区域之间的交叉污染。
（4）所有试剂应在试剂说明书规定的温度储存，−20℃以下保存的试剂盒内各种组分使用前应自然融化，8 000 r/min 瞬时离心 15 s 完全混匀，使液体全部沉下于管底，吸取液体时移液器尽量在液体表面吸取，使用后立即放入试剂说明书规定的温度。
（5）反应液应避光保存，为了防止某些化学反应受到光照的影响。因为有些试剂可能会发生光化学反应，导致试剂的浓度或者性质发生变化。
（6）试剂盒应在 3 次内完成，避免反复冻融，试剂反复冻融可能会影响试剂的化学性质，比如破坏某些试剂的结构，导致其失去活性或者降低效率，降低检测的灵敏度。

（7）整个试验过程中严格控制污染，这是非常重要的，因为核酸检测对于污染非常敏感。任何一点污染都可能导致实验结果的误判。样本处理、试剂配制（反应体系）、加样须在不同的区域进行，以免交叉污染。

（8）严禁器材和试剂倒流。这是为了避免某些化学试剂或者样本的浓度在不当操作下发生改变。试剂配制区→核酸提取区→核酸扩增区。

（9）每次试验结束后彻底清洁试验区域，这是为了防止污染的积累，也是在为下一次试验做准备。可使用专用的 RNA/DNA 清除剂或有效氯溶液擦拭台面，再用紫外线对试验台和移液器照射消毒，具体的消毒方式可能因实验室的具体情况和要求而异，但一般都需要满足清洁和消毒的要求。实验室用次氯酸消毒液消毒，次氯酸是一种强氧化剂，可以有效地杀灭细菌和病毒。

（10）试验所产生的废气必须按照相应的操作区域分别收集集中并经 121℃、30 min 蒸汽灭菌后方可丢弃，以防止对环境和人类健康产生影响。

（11）检测结果与样本收集、处理、运送以及保存质量有关，需要结合其他检测和实验室检测结果进行综合判断。

三、数字 PCR 检测

数字 PCR（dPCR）是一种用于定量 DNA 或 RNA 靶标的基于 PCR 的新兴技术。该方法建立在传统 PCR 扩增和基于荧光探针的检测方法的基础上，以单分子分辨率实现对核酸分子的精确、绝对定量。将样品分配到大量微小的反应室中，每个反应室包含 1 个或两个目标分子，通过统计荧光信号判断目标分子数量，实现绝对定量。其在灵敏度、重复性、准确性等方面已超越许多其他传统检测方法，特别是在对低浓度核酸检测中具有显著优势。

第五节　免疫学诊断

牛结核病细菌学检查是牛结核病实验室诊断的金标准，但由于涂片检查阳性率较低，培养又颇费时间，对实验室有严格的要求，不适用牛结核病的诊断，而免疫学诊断方法具有简单、快速、特异性高、敏感性强的特点，可实现自动化检测，大大提高了检测效率，因此，免疫学诊断作为牛结核病的常用诊断方法。主要有结核菌素皮内变态反应、牛结核病 γ-干扰素（IFN-γ）检测方法、抗体检测法（如酶联免疫吸附试验 ELISA、牛分枝杆菌抗体高敏荧光)等。

一、牛结核菌素 PPD 皮内变态反应试验

皮内变态反应是一种皮肤试验,主要用于牛结核病潜伏感染诊断,由于操作简便易行,成本低廉,是目前广泛使用的牛结核病的检测方法。皮内注射提纯结核菌素(PPD)于正常动物,不出现显著的局部炎症反应。如果将其注入曾感染结核病而致敏的动物,便发生迟发型超敏感性应答,在几小时之内注射局部出现肉眼的或组织学的变化,但以后血管扩张,通透性增加,因而出现红斑和水肿,肿胀硬固。注射后 24~72 h 反应程度最强,以后逐渐消退。

(一)适用范围

出生后 20 d 的牛即可用本试验进行诊断,适用于牛场牛结核病检疫、动物疫病预防控制中心牛结核病流行病学调查。

(二)检测设备和材料

准备好所需的所有设备和材料,包括电子游标卡尺、电动剃毛器、医用弯头剪刀、医用剪刀、医用镊子、医疗废弃物收集装置等。

(三)试剂与耗材

须在实验开始前准备好,确保所使用的物品在有效期内并且符合规定。此外,使用一次性用品可以更好地保证实验过程的安全性,防止交叉污染。

1. 牛型提纯结核菌素

使用有国家主管部门批准文号的牛型提纯结核菌素,每瓶 50 头份。注意不要使用过期或不符合规定的药品。

2. 注射器

结核菌素注射器或 1 mL 一次性注射器。确保注射器清洁、消毒,并且处于良好状态。

3. 消毒用品

(1) 医用酒精:用于消毒和清洁注射器等器材。

(2) 医用脱脂棉:用于消毒和清洁注射部位,以及处理注射后的反应。

(3) 一次性消毒棉签:用于消毒注射部位周围皮肤。

(4) 碘酊:用于消毒注射部位。

(5) 个人防护用品:包括 N95 口罩(医用口罩)、手术手套、一次性医用防护服、一次性医用防护帽、一次性医用防护鞋套和靴套等,用于保障操作人员的安全。

(四) 提纯牛型结核菌素稀释

1. 准备工作

在开始稀释之前，认真阅读提纯牛型结核菌素的说明书，并确认其有效期。这是保证稀释操作正确和结核菌素质量的关键步骤。

2. 计算所需的稀释液

按照说明书上的稀释比例，算出每瓶提纯牛型结核菌素所需的稀释液量。这通常会涉及一定的数学计算，比如确定原液的体积和稀释液的体积比例。

3. 无菌操作

稀释应在无菌的环境中进行，这样可以防止杂菌的污染，保证稀释液的质量。

4. 稀释结核菌素

（1）吸取稀释液：使用注射器，在无菌状态下吸取预先计算好的稀释液。这里可以选择结核菌素稀释液或者灭菌生理盐水作为稀释介质。

（2）注入稀释液：将吸取的稀释液注入结核菌素的玻璃瓶中。这个过程要保证注射器的针头不能接触瓶口，以防止污染。

（3）摇匀：加入稀释液后，应充分摇匀提纯牛型结核菌素，确保其完全溶解在稀释液中，达到每毫升含有 2 万 IU 的使用浓度。完成稀释后，将稀释好的菌素溶液放入密封的容器中备用。容器应是清洁并经过灭菌处理的，以防止污染。按照提纯牛型结核菌素的稀释过程进行操作可以确保稀释的准确性和安全性。

(五) 结核菌素注射

1. 保定牛

在试验开始前，将需要进行检测的牛保定在保定栏内，确保其不会乱动或逃离。

2. 注射部位选择

一般选择在牛的颈背部进行注射，因为该部位的皮肤比较薄，容易观察反应情况。在颈侧中部上 1/3 处剃毛，这里要选择一个无明显的病变、瘢痕、血管和皱褶的皮肤区域。

3. 注射部位剃毛

剃毛是为了使注射更容易进行，同时也能更好地观察注射部位的皮肤反应。剃毛范围应是注射部位的毛发区域，直径约 10 cm。使用电动剃毛器或医用弯头剪刀，将牛注射部位的毛发剃干净，以便更好地进行注射。对于 3 个月以内的犊牛，也可以在肩胛部进行剃毛，剃毛范围直径约 10 cm。

4. 观察和更换

剃毛后要仔细观察注射部位，如果发现有瘢痕、血管和皱褶等不利于注射的情况，应另选其他部位或在另一侧进行剃毛。这样可以确保注射部位的良好状态，提高试验的准确性和安全性。

5. 登记和记录

登记耳标号或者电子耳标号，以便后续记录和追踪。使用电子游标卡尺测量注射部位中央皮皱的原始厚度，做好记录。

6. 注射剂量及结核菌素注射器的使用

不论牛的大小，一律皮内注射 0.1 mL 稀释好的结核菌素。能够产生适当的皮肤反应，而又不会对牛造成太大的负担。使用结核菌素注射器来吸取已经稀释好的结核菌素，这样可以确保剂量准确。针头斜面和针管刻度向上，便于准确读取注射的剂量。

7. 注射前的消毒

使用 75% 的酒精对注射部位进行消毒，从内向外消毒，以确保消毒效果；在酒精消毒后，等待酒精蒸发干燥，这样可以防止注射时带入细菌，污染注射部位。

8. 注射结核菌素

注射时要准确掌握剂量和深度。拉紧注射部位的皮肤，以便注射。在刺入皮内后，与皮肤呈 15° 刺入皮内，缓慢注入 0.1 mL 的牛结核菌素至皮内。当针头进入皮内后，会形成一个大小为 7~8 mm 的圆形橘皮样皮丘（有毛孔出现），这是注射成功的标志。

9. 注射完毕后的处理

在注射完毕后，针头应停留在皮内数秒（以免结核菌素漏出），然后将针头右旋退出。如果注射时没有出现小泡，说明注射失败，应另选 15 cm 以外的部位或另一侧重做。

（六）观察反应

在注射结核菌素后，需要密切观察注射部位的反应情况。一般注射后 24~72 h 反应程度最强，之后反应会逐渐消退。这个时间段的观察对于判断结核病的感染非常重要。

常见的反应：在观察期间，可能会出现注射局部血管扩张、通透性增加、皮肤出现红斑和水肿、肿胀硬固等情况。这些反应表明该牛可能感染了结核病。

(七)结果判断

根据反应情况的不同,可以分为阳性反应、疑似反应和阴性反应。

1. 阳性反应

如果注射部位出现明显的炎性反应,且皮厚差等于或大于 4 mm,可以判定为牛结核感染阳性,记录检测结果为阳性或者符号(+)。这样的牛应立即隔离。

2. 疑似反应

如果注射部位的炎性反应不明显,皮厚差大于或者等于 2.0 mm、小于 4.0 mm(皮厚差在 2.0~3.9 mm),检测结果记录为可疑或者记录符号为(±)。对于可疑反应的牛,应立即隔离,单独饲养。

3. 阴性反应

如果没有炎性反应,皮厚差在 2 mm 以下,可以判定为阴性反应,记录检测结果为阴性或者符号为(-)。

(八)复检

对于判定为疑似反应的牛,需要在第 1 次检疫 45 d 后进行复检。如果复检结果仍为可疑反应,应判定为阳性。如果复检为阴性,该牛可以继续单独饲养,再次复检为可疑反应时则判定为阳性。

可疑肿胀,只要注射部位出现一定的炎性肿胀,即使皮皱厚度差在 2.0 mm 以下,仍应判定为可疑。对于已经确认感染的牛群,如出现可触摸或者可见的肿胀,应判定为阳性。

通过密切观察注射部位的反应情况,结合皮厚差的测量,可以初步判断牛是否感染结核病,并采取相应的措施。需要注意的是,对于疑似反应的牛需要进行进一步的检测和观察,避免误判或漏判,为了确保结果的准确性,还需要结合其他检测方法的结果进行综合判断。

(九)质量控制

1. 操作规程

在进行牛结核病检测时,需要按照既定的操作规程进行。这些规程通常会包含在作业指导书中,包括牛结核病皮内变态反应的作业指导书。这些指导书提供了详细的步骤和操作说明,以确保检测过程的一致性和准确性。有作业指导书的按照牛结核病皮内变态反应作业指导书进行检测。没有作业指导书的参照动物结核病诊断技术《GB/T 18645—2020》进行检测。

2. 生产厂家和供应商

在选择用于牛结核病检测的产品时,选择有兽药批准文号的牛结核提纯结核菌素，应选择来自可信赖的生产厂家和供应商。

结核菌素应保存于冰箱中（2~8℃冷藏保存或-15℃以下）内，结核菌素使用前应仔细检查并登记结核菌素试剂的生产日期、有效期、生产厂家、供应商，如果发现这些产品有任何质量问题，如变质、安瓿有裂纹等，不应使用这些产品，以防止可能的影响。

3. 冻干结核菌素的稀释

冻干结核菌素在使用前需要被正确地稀释。应当天用完稀释后的菌素，以保证其有效性。

4. 注射的深度和剂量

在注射结核菌素时，必须确保针头插入的深度合适，避免注入皮下。同时，注射的剂量要准确至 0.1 mL，以保证试验结果的准确性。注射失败时做好记录，选其他部位重新注射。

5. 记录和重新注射

如果一次注射失败，应做好记录，并选择其他部位重新注射。这样可以避免结果的误判，并保证试验的准确性。

6. 确定硬结边缘

在进行测量时，需要轻轻地触摸硬结周围的皮肤，非常小心地确定硬结与周围皮肤的分界线，以便确定硬结的边缘。这种触感可以帮助确定硬结的大小和形状。这是为了确保测量的准确性，避免误差。

7. 电子游标卡尺的正确使用

在测量皮厚时，需要使用电子游标卡尺。使用前，需要检查电子游标卡尺是否准确，并在测量前后进行归零操作。测量时恰好到硬结边缘，电子游标卡尺太松，就会皮厚偏大，电子游标卡尺太紧，就会皮厚偏小。这样可以确保测量的准确性。

8. 同一人负责测量皮厚

测量皮厚时由同一人负责，直到检测全部完成，保证测量的准确性。专人负责记录：在进行测量时，需要有专人负责记录耳标号和皮厚。这样可以保证记录的准确性和一致性，避免混淆和误差。

9. 完整记录耳标号和电子耳标

在记录耳标号和皮厚时，需要确保记录完整和准确。这是为了方便后续的数据分析和处理。

（十）注意事项

1. 注意无菌操作

在进行结核病检测时，必须注意无菌操作，以避免感染和污染。注射器和针头必须一牛一份，确保每头牛都有单独的针头，避免交叉感染。

2. 稀释结核菌素

在稀释结核菌素时，需要准确吸取稀释液，并缓慢地吸入稀释好的结核菌素，避免起泡。这样可以保证稀释的准确性和一致性。

3. 注射后注意事项

注射后需要避免对注射部位进行按压、揉搓或其他刺激，以免影响检测结果。同时，在72h内不要淋雨，以避免感染和刺激。

4. 出血处理

如果注射部位出血，可以用无菌棉签轻轻扫去，但不能用力擦拭或按压，以免影响检测结果。

5. 禁用激素类药物

在进行结核病检测期间，不能使用激素类药物，因为这些药物可能会影响免疫系统的反应，从而影响检测结果。

6. 人员防护和废弃物处理

在检测过程中，必须做好人员防护，以避免感染。同时，注射器及废弃物的处理应当符合国家生物安全管理要求，以避免污染环境。

总的来说，这些注意事项是为了确保牛结核病检测过程的准确性、安全性和规范性。在操作过程中，必须严格遵守这些注意事项，并注意针具和试剂的无菌操作。同时，还需要注意废弃物的处理和环境安全问题。

(十一) 检测步骤简述

1. 第0 h

(1) 配制结核菌素：根据规定的配方和步骤，配制适量的结核菌素，以备后续使用。

(2) 剃毛和消毒：在注射结核菌素之前，需要剃掉注射部位的毛发，并使用消毒剂对注射部位进行消毒，以避免感染。

(3) 测量皮厚并做好记录：在注射结核菌素之前，需要使用电子游标卡尺测量注射部位的皮肤厚度，并做好记录，以便后续比较和分析。

(4) 注射菌素：将配制好的结核菌素注入牛的皮内，注意剂量和注射深度要准确，避免误差和感染。

2. 第72 h

测量皮厚并做好记录：在注射后的72h，再次使用电子游标卡尺测量注射部位的皮肤厚度，并做好记录，以便后续比较和分析。

隔离阳性牛和可疑牛：根据之前的检测结果，将阳性牛和可疑牛隔离起来，避免传染给其他牛。

3. 第 96 h

测量皮厚并做好记录：在注射后的 96h，再次使用电子游标卡尺测量注射部位的皮肤厚度，并做好记录，以便后续比较和分析。

隔离阳性牛、疑似牛：根据最新的检测结果，将新发现的阳性牛、疑似牛隔离起来，避免传染给其他牛。

二、牛的禽型结核分枝杆菌 PPD 皮内变态反应试验

（一）适用范围

禽型结核分枝杆菌 PPD 皮内变态反应试验主要用于牛群中存在感染禽型结核、副结核菌病可疑，或者牛群曾经免疫过副结核苗的情况。可以应用牛、禽两型提纯结核菌素的比较试验进行诊断，通过应用这种比较试验，可以对这些牛群进行更准确的诊断。

（二）注射部位及术前处理

在同一颈侧的中部选两个注射点，一点在上 1/3 处，一点在下 1/3 处。这两个注射点之间的距离不得少于 10 cm，且注射点距离颈项顶端和颈静脉沟也不得少于 10 cm。这样能够确保注射的安全性和准确性；或者两侧的中部上 1/3 处剃毛，剃毛后观察注射部位，注射部位应无明显的病变，如有瘢痕、血管和皱褶等，应避开瘢痕、血管和皱褶，另选其他地方剃毛。

（三）结核菌素注射

与牛结核菌素 PPD 皮内变态反应试验基本相同，皮内注射 0.1 mL 的牛、禽两种提纯结核菌素，注射后局部应出现小包，如注射失败时，可另选 15 cm 以外的部位或对侧颈部重做。

（四）观察反应

注射结核菌素后，需要经过 72 h 的观察和判定（可于 96 h 和 120 h 各进行一次判定）。在此期间，应详细观察和比较两种菌素的炎性反应程度，包括局部有无肿胀、充血、水疱等。同时，应使用电子游标卡尺测量注射部位的皮肤厚度，计算出牛、禽两种菌素皮内变态反应的皮厚差，然后比较两者之间的皮差（如果增加了 96 h 和 120 h 的判定时间，即可比较出两种菌素反应消失的快慢）。

（五）结果判定

根据两种菌素的反应程度和皮差大小，可以进行结果判定。

注射牛型 PPD 部位的皮皱厚差大于注射禽型 PPD 部位的皮皱厚差值大于

4 mm，判为阳性；注射牛型 PPD 部位的皮皱厚差大于注射禽型 PPD 部位的皮皱厚差值在 4 mm 以下，判为可疑；注射牛型 PPD 部位的皮皱厚值等于或小于注射禽型 PPD 部位的皮皱厚，判为阴性。

通过比较牛、禽两种菌素的反应程度和皮差大小，可以较为准确地判断牛是否感染了结核分枝杆菌，以便采取相应的措施进行防控和治疗。需要注意的是，对于可疑或判定的阳性牛，需要进行进一步的检测和观察，以避免误判或漏判。

三、牛结核病 γ-干扰素试验

通过 γ-干扰素试验，可以快速、准确地检测出牛是否感染了结核分枝杆菌，有助于及时采取相应的防控和治疗措施。

(一) 方法原理

牛结核病 γ-干扰素试验是一种牛结核病的体外快速诊断方法，是利用酶联免疫实验检测并定量分析全血中的淋巴细胞在牛型结核菌素抗原刺激下产生的 γ-干扰素浓度的方法。该方法基于感染牛分枝杆菌的结核阳性牛，其外周血淋巴细胞已被牛分枝杆菌致敏并产生免疫记忆。在牛型结核菌素抗原刺激下，未感染牛结核分枝杆菌的淋巴细胞不会产生 γ-IFN，而感染了牛结核分枝杆菌的细胞就能产生 γ-IFN。因此，通过检测 γ-干扰素的浓度，可以判断是否存在结核分枝杆菌特异性细胞免疫反应，从而诊断牛结核分枝感染。

(二) 目的

检测上清液中的 γ-干扰素的浓度，从而判断牛结核的感染情况。

(三) 适用范围

适用于实验室牛结核病 γ-干扰素检测，作为牛结核病的辅助诊断。

1. 早期检测

γ-干扰素释放试验能够较早地检测出牛只是否感染了牛结核病，这对于及时发现并控制疾病传播具有重要意义。

2. 确诊依据

结合皮内变态反应试验等其他诊断方法，γ-干扰素释放试验可以提供更为准确的确诊依据，减少误诊和漏诊的可能性。

3. 监测病情

通过定期检测 γ-干扰素水平的变化，可以监测牛只的病情进展，为制订和调整监测方案提供依据。

(四) 检测样品

肝素钠抗凝全血。

(五) 检测设备及耗材

1. 采血设备和耗材

(1) 采血针：用于采集全血。每头牛使用1个采血针可以避免交叉感染。

(2) 肝素钠抗凝采血真空管：用于保存和运输采集的血液样本。

(3) 96孔采样管架，用于整齐地放置和保存真空管。

(4) 75%医用酒精或2%~5%碘酊，用于消毒采血针和皮肤。

2. 加样及酶标反应设备

(1) 二级生物安全柜，提供安全的操作环境，防止样本和试剂对操作人员造成危害。

(2) 各种规格可调微量移液器（10 μL、50 μL、100 μL、200 μL、300 μL、1 000 μL），用于准确添加和混合样本和试剂；配制洗涤液用量筒，用于准确测量洗涤液的量。

(3) 吸头无酶、无菌加长滤芯吸头，用于避免样本和试剂受到污染。

(4) 酶免疫试验的试剂加样槽，用于混合和添加酶免疫试剂。

(5) 冻存盒和离心管收获血浆96孔冻存盒，用于存储收获的血浆样本。

(6) 离心管1.5 mL、2.0 mL无菌、无酶离心管，用于分离血浆和细胞。

(7) 无菌24孔培养板，用于培养血液细胞。需要在无菌环境下操作，防止样本受到污染。

(8) 微孔板振荡器，用于混合微孔板中的样本和试剂。

(9) 电子计时器，用于准确计时反应时间。

(10) 恒温箱37℃避光孵育箱或者恒温培养箱，提供适宜的温度环境，让样本和试剂进行反应。

(11) 酶标仪（含450 nm、630 nm波长滤光片），用于检测和读取酶标反应的结果。

(12) 纯水，用于稀释洗涤液和稀释冻干试剂。

(13) 75%医用酒精用于消毒使用过的设备和表面；医用脱脂棉、一次性消毒棉签，用于清洁和消毒皮肤；2%碘酊，用于消毒皮肤；N95口罩（医用口罩）、医用灭菌外科手套、一次医用性防护服、一次性医用鞋套或雨靴等个人防护装备，以保护操作人员免受潜在生物危害的侵害；消毒剂、记号笔、利器桶、医疗废物包装袋、医疗垃圾桶等。

这些设备及耗材在操作人员按照标准程序进行操作的情况下，可以提供足够的生物安全保障,并使样本处理和检测过程更加准确和高效。

(六) 试剂盒组成

尽管检测 γ-干扰素的试剂盒种类很多,但一定要使用有国家主管部门认可新兽药注册证书或者有批准文号的检测试剂盒。一般所用试剂盒中已经包含所有需要的试剂耗材,不须另行准备。

1. 可直接使用的试剂耗材

酶标板(牛 γ-IFN 抗体包被板);牛 γ-干扰素阴性对照;牛 γ-干扰素阳性对照;牛 γ-IFN 酶结合物;酶标结合物稀释缓冲液;底物(底物液 A;底物液 B);底物缓冲稀释液;

终止液;一次性封板膜;封袋。

2. 需要稀释后使用的试剂

浓缩洗涤液(10 倍、20 倍或者 25 倍):用于清洗酶标板上的非特异性结合物。

冻干酶标结合物(HRP 标记的抗牛 γ-干扰素抗体,需要稀释后才能使用):用于与特异性干扰素反应。

浓缩显色剂(需要底物缓冲液稀释):用于与酶标结合物反应,产生显色反应。

3. 无菌环境直接使用的试剂

无菌 PBS(磷酸盐缓冲液 0.01 mol/L pH 值 7.2):用于稀释和保存采集的血液样本。

牛型提纯结核菌素(BPPD),须稀释后使用:结核菌素是牛结核病的检测抗原。

禽型提纯结核菌素(APPD)。

(七) 操作方法

1. 无菌采血

(1) 确定采血部位及消毒:用左手托起牛尾巴,在牛尾离尾根 10 cm 左右,第 4、5 尾椎骨交界中点凹陷处进行采血。右手对采血部位进行 75% 酒精消毒处理。

(2) 采血:右手持采血针,右手食指控制针头深度,由下向上垂直刺入牛尾腹侧中心线位置约 0.5 cm,见回血后,将采血针另一端插入肝素抗凝管中,血液会自动流入采血管。无菌采集 5 mL 以上的血液,上下轻轻颠倒 5 次混合血液,使血液与肝素抗凝剂充分溶解。

(3) 运输血液样本:在 8 h 内室温(18~25℃)条件下将血液运送至实

(4) 注意事项：不得冷冻和冷藏，在进行采血时需要确保操作环境的无菌，避免外界的细菌污染，并注意防止温度过高或过低对血液造成的影响。

2. 样品接收

只有按严格要求采集的全血样品才可以用于试验，当样品出现下列情况时，全血样品视为不合格，应当进行无害化处理，做好登记，告知采样人员和送样人员全血样本不合格，就要重新采集全血。

(1) 没有严格使用真空采血管，如使用 EDTA 或柠檬酸钠真空采血管。只有肝素抗凝采血管适用 γ-干扰素检测。

(2) 没有严格执行样本需要的温度，如运输过程中温度过高或过低，或全血样品冷冻或长时间冷藏。全血样品应当保存在 18~25℃ 的合适温度下。

(3) 没有样本送样单、采样单和全血样本无标记；采血管污染或者采血管破损的样本；样品储存时间超过 8 h 的样品；出现凝血、溶血的样品；血量少于 5 mL 的样品。

3. 加样

在生物安全柜中，确保所有操作都按照无菌操作要求进行；打开 24 孔培养板，并将其放置在实验台上；按照预定顺序，将血液样本依次加入 24 孔培养板的每个孔中；确保每个孔中加入的血液样本量相同，并记录每个孔的加样位置，加样顺序见表 4。

表 4 吸取血液或者抗原到 24 孔培养板的加样顺序

1 号样品	BPPD1	APPD1	PBS1	BPPD5	APPD5	PBS5	5 号样品
2 号样品	BPPD2	APPD2	PBS2	BPPD6	APPD6	PBS6	5 号样品
3 号样品	BPPD3	APPD3	PBS3	BPPD7	APPD7	PBS7	7 号样品
4 号样品	BPPD4	APPD4	PBS4	BPPD8	APPD8	PBS8	8 号样品

注：BPPD=牛型结核菌素；APPD=禽型结核菌素；PBS=阴性对照抗原（PBS）。

4. 加入刺激抗原

(1) 按照检测试剂说明书配制合适浓度的刺激抗原，需要准确配制出刺激抗原的合适浓度。确保抗原能够正确刺激淋巴细胞，产生特定的反应。

(2) 在生物安全柜中操作，按照预定的加样顺序，使用单道移液器或四联排移液器无菌地加入 100 μL 的牛型结核菌素、禽型结核菌素和 PBS（阴性抗原对照）到相应的孔中，以产生特定的反应。

(3) 对 24 孔培养板做好标记，并登记好样品的加样位置，保证抗原必须与已经加好的血液充分混匀。微量振荡器高速振荡 1 min。如果没有合适的仪器，可以将细胞培养板及其盖紧紧固定在一起，然后在光滑的实验室台面上顺时针和逆时针各旋转 10 次。这个步骤需要小心操作，不能用力过大，以避免加好的血液样品交叉污染。血液样本不能飞溅到并附在反应板的盖板上，也不能让血液起泡。只有当刺激抗原与血液完全混合，试验才能达到最佳效果。

5. 孵育

将含有血液和抗原的组织培养板在 37℃ 湿温培养箱（CO_2 培养箱）中孵育 16~24 h，在这个时间段内，淋巴细胞的免疫应答反应最强。过短的孵育时间可能导致反应不足，而过长的孵育时间则可能导致反应过度，甚至引发细胞死亡。因此，选择合适的孵育时间是保证试验结果准确性的关键。在整个孵育过程中，应尽量避免培养环境中的温度和湿度波动过大，以保证细胞的正常生长和功能。

6. 血浆样品（血液培养上清液）的收获

孵育完成后，使用离心机将 24 孔板在室温（18~25℃）500 r/min 的速度离心 10 min，这种离心速度有助于更快地收集血浆；使用移液器小心地吸取不少于 500 μL 上清液。应小心操作以避免吸入细胞。如果吸入了少量红细胞，可以通过低转速离心的方法去除。少量污染的红细胞不会影响 γ-干扰素酶免疫试验。每个血浆样品使用一个新的吸头，避免交叉污染；将吸取的上清液转移至一个独立的 1.5 mL 离心管中或 96 孔深孔板中，并在这些容器中做好标记。存储血浆样品的顺序或加样顺序参照表 5。

表 5 血浆样品的摆放顺序或者 96 孔深孔板的加样顺序

行	1	2	3	4	5	6	7	8	9	10	11	12
A	1N	1A	1B	9N	9A	9B	17N	17A	17B	25N	25A	25B
B	2N	2A	2B	10N	10A	10B	18N	18A	18B	26N	26A	26B
C	3N	3A	3B	11N	11A	11B	19N	19A	19B	27N	27A	27B
D	4N	4A	4B	12N	12A	12B	20N	20A	20B	28N	28A	28B
E	5N	5A	5B	13N	13A	13B	21N	21A	21B	29N	29A	29B
F	6N	6A	6B	14N	14A	14B	22N	22A	22B	30N	30A	30B
G	7N	7A	7B	15N	15A	15B	23N	23A	23B			
H	8N	8A	8B	16N	16A	16B	24N	24A	24B			

7. 血浆的冷冻、冷藏贮存

（1）标记：使用记号笔或标签纸在 96 孔板或样品架上做好相关的标记。这些标记应包括样品名称、样品日期和操作者的首字母等相关信息。这样的标记可以帮助跟踪和识别样品，防止混淆。

（2）储存：根据需要，可以将 96 孔板架连同样品或 96 孔深孔板一起装入自封袋并放入冰箱中保存。如果计划在 12 h 内完成检测，可以将样品放入 4℃ 的冰箱中。如果检测需要超过 12 h，应将样品放入 -20℃ 的冰箱中保存。血浆可以在 2~8℃ 的环境下储存 7 d，而在 -20℃ 的环境下，可以储存几个月。

8. 牛 γ-干扰素酶免疫试验

（1）试剂恢复室温。按照检测试剂说明书平衡试剂。在实验室中，通常需要将试剂从冰箱中取出，恢复至室温（22℃±5℃）后再使用。这是因为温度的变化可能会影响试剂的性能。为了确保试剂的质量和稳定性，需要将其轻轻旋转或振荡混匀。对于某些需要溶解冻干试剂的情况，应按照操作说明书进行。

（2）洗涤液的配制。在按照说明书配制工作浓度的洗液时，需要将浓缩的洗涤液恢复至室温。需要注意的是，浓缩的洗液可能含有结晶盐，如果在室温下仍未溶解，可以尝试在 37℃ 的水浴中加速溶解。在稀释之前，需要充分混匀以避免出现不均匀的浓度，从而影响试验结果。洗液配制见表 6、表 7。

表 6 10 倍洗涤液配制 (mL)

检测反应板	1板	2板	3板	4板	5板	6板	7板	8板	9板	10板
检测所需洗涤液	500	1 000	1 500	2 000	2 500	3 000	3 500	4 000	4 500	5 000
浓缩稀释液	25	50	75	100	125	150	175	200	225	250
蒸馏水或纯水	475	950	1 425	1 900	2 375	2 850	3 425	3 800	4 275	4 750

表 7 20 倍洗涤液配制 (mL)

检测反应板	1板	2板	3板	4板	5板	6板	7板	8板	9板	10板
检测所需洗涤液	500	1 000	1 500	2 000	2 500	3 000	3 500	4 000	4 500	5 000
浓缩稀释液	25	50	75	100	125	150	175	200	225	250
蒸馏水或纯水	475	950	1 425	1 900	2 375	2 850	3 425	3 800	4 275	4 750

（3）酶标结合物的配制。

按照检测试剂的说明书，根据需要使用的反应板数量，用去离子水或蒸馏水将 100 倍浓缩的冻干酶标结合物进行稀释。稀释后，需要保证酶标结合物完全溶解，并且充分混匀，尽量避免起泡。因为酶标结合物起泡过多可能会导致其变性，降低试验效果。

100 倍浓缩的酶标结合物必须一直保存于 2~8℃ 的条件下。在这个温度下，酶标结合物的稳定性最好，能够保持其效用。未用完的 100 倍浓缩的酶标结合物应立即放回 2~8℃ 的条件下，以保持其稳定性（表8、表9）。

酶标结合物工作液必须在配制完后的 5 min 内使用，未用完的试剂应立即丢弃。因为酶标结合物随着时间的推移可能会变性或者失去效用，从而影响试验结果。总的来说，这些步骤是为了确保酶标结合物的正确配制和稳定使用，从而为接下来的试验提供保障。

表8　100 倍试剂配制　　　　　　　　　　　　　　　　　　（mL）

酶标板数量	浓缩酶标结合物（100×）或显色剂（100×）的体积	稀释液（酶标稀释液或底物缓冲液）的体积
1	0.1	9.9
2	0.2	12.8
3	0.3	29.7
4	0.4	39.6
5	0.5	49.5
6	0.6	59.4
7	0.7	69.3
8	0.8	79.2
9	0.9	89.1
10	1.0	99.0

表9　50 倍试剂配制　　　　　　　　　　　　　　　　　　（mL）

酶标板数量	浓缩酶标结合物（100×）或显色剂（100×）的体积	稀释液（酶标稀释液或底物缓冲液）的体积
1	0.2	9.8
2	0.4	19.6
3	0.6	29.4
4	0.8	39.2
5	1.0	49.0
6	1.2	59.8
7	1.4	69.6
8	1.6	79.4

(续表)

酶标板数量	浓缩酶标结合物（100×）或显色剂（100×）的体积	稀释液（酶标稀释液或底物缓冲液）的体积
9	1.8	89.2
10	2.0	98.0

（4）底物溶液的配制

确保底物溶液的正确配制和稳定使用。

将底物缓冲液和 100 倍浓缩的显色剂溶液恢复至室温，这个步骤是为了确保试剂在室温下的性能稳定；在稀释之前，需要将这两种溶液充分混匀。确保两种溶液的浓度均匀，避免影响试验结果；根据试剂配制表，将浓缩显色剂溶液和底物溶液按照正确的比例混合，以达到试验所需的浓度；在使用前配制底物溶液。确保试剂在试验时仍处于有效期内，不会影响试验结果；底物溶液必须充分混匀且应当是无色的，如出现蓝色应丢弃。保证底物溶液的质量，避免使用不正确的溶液影响试验结果；在配制完后的 10 min 内使用。保证底物溶液在使用时仍处于有效期内，不会影响试验结果；使用灭菌的一次性聚丙烯塑料容器配制底物溶液，不使用聚苯乙烯容器或移液管，可能会影响底物溶液的性能。

（5）加样。

① 检测前处理：在开始检测之前，样品需要恢复至室温，并充分混匀。将样品恢复至室温，这个步骤很重要，因为许多物理或化学过程会受到温度的影响。将样品从冰箱温度恢复至室温可以确保检测时的环境条件一致，从而减少温度差异可能引起的误差。如果样品不均匀，那么在进行检测时，可能会得到不准确的结果。充分混匀样品可以确保每个部分的样品都与其他部分具有相同的性质，从而提高检测的准确性和一致性。

② 取出酶标反应板，在记录表上记录阳性对照、阴性对照和样品的位置，加样顺序参照表 10，G10、H10 加入阳性对照，G11、H11 加入阴性对照，G12、H12 加入 PBS 对照。

表 10 检测样本的加样顺序

行	1	2	3	4	5	6	7	8	9	10	11	12
A	1N	1A	1B	9N	9A	9B	17N	17A	17B	25N	25A	25B
B	2N	2A	2B	10N	10A	10B	18N	18A	18B	26N	26A	26B

(续表)

行	1	2	3	4	5	6	7	8	9	10	11	12
C	3N	3A	3B	11N	11A	11B	19N	19A	19B	27N	27A	27B
D	4N	4A	4B	12N	12A	12B	20N	20A	20B	28N	28A	28B
E	5N	5A	5B	13N	13A	13B	21N	21A	21B	29N	29A	29B
F	6N	6A	6B	14N	14A	14B	22N	22A	22B	30N	30A	30B
G	7N	7A	7B	15N	15A	15B	23N	23A	23B	阳性	阴性	PBS
H	8N	8A	8B	16N	16A	16B	24N	24A	24B	阳性	阴性	PBS

③ 不需要稀释血浆的，按照酶标板的布局分别加入阳性对照、阴性对照、待检血浆（BPPD刺激血浆、APPD刺激血浆、PBS刺激血浆），每孔100 μL；需要稀释血浆的，参照试剂说明书每孔加入配置好的稀释液50 μL后，按照酶标板的布局分别加入阳性对照、阴性对照、待检血浆（BPPD刺激血浆、APPD刺激血浆、PBS刺激血浆），每孔50 μL；在微量振荡器上振荡1 min，快速、均匀地混合血浆，确保所有样品都混合均匀，以保证每个部分的性质都一样。

④ 贴上封板膜以防止样品在孵育过程中被污染或者蒸发；置22~26℃避光孵育60 min，或者按照试剂说明书，在常温下进行孵育60 min。

⑤ 洗板小心揭掉封板膜，确保不会破坏或污染酶标板；弃去各孔中的液体，清除之前可能残留在孔中的样品或试剂；拍净尽量减少残余的液体，确保酶标板的清洁；每孔用8道连续加样器加满洗涤液，需要注意的是要避免相邻孔之间的交叉污染；静置约30 s，弃去各孔中洗涤液、拍净，洗涤液有时间与孔中的残留物反应；以上的步骤需要重复5次，这是为了确保充分洗涤，并且去除所有的残留物；第5次洗涤完毕后，将酶标板放在干净的滤纸上拍打几次，尽量去除残留的洗涤液。确保去除剩余的洗涤液。

⑥ 加入酶标结合物。冻干酶标结合物现配现用，加入酶结合物溶液至各孔中，每孔100 μL，在微量振荡器上振荡混匀，贴上封板膜，置室温下，或者按照检测试剂说明书置于22~26℃避光孵育60 min。重复洗涤5次。

⑦ 加底物。冻干底物现配现用，不需要配底物的直接加入，每孔加入100 μL底物溶液（底物液A 50 μL和底物液B 50 μL）至各孔中，在微量振荡器上振荡混匀，贴上封板膜，22~26℃避光反应30 min。注释：从加入底物至第一个孔时开始计时。

⑧ 加终止液。每孔加入终止液50 μL，小心操作，轻轻摇动混匀。注释：

按照与加入底物相同的顺序,以相同的速度加入终止液轻轻振荡混匀。

⑨ 结果读取。将加完终止液的酶标板置酶标仪内读出 450 nm 的 OD 值,加完终止液后 10 min 内读取结果。

(八) 结果判定

试验成立条件:阴性对照 $OD_{450\,nm}$ 值≤0.15,阳性对照 $OD_{450\,nm}$ 值≥1.0。

判定方法:PPD-B、PPD-A 和 PBS 刺激样品的 $OD_{450\,nm}$ 值分别记作 $OD_{450\,nm}$ 值(PPD-B)、$OD_{450\,nm}$ 值(PPD-A)、$OD_{450\,nm}$ 值(PBS)。

1. 阳性

当 $OD_{450\,nm}$ 值(PPD-B)-OD_{450nm} 值(PBS)≥0.1,且 $OD_{450\,nm}$ 值(PPD-B)-$OD_{450\,nm}$ 值(PPD-A)≥0.1 时,判为牛结核病阳性。

2. 阴性

当 $OD_{450\,nm}$ 值(PPD-B)-OD_{450nm} 值(PBS)<0.1,或 $OD_{450\,nm}$ 值(PPD-B)-$OD_{450\,nm}$ 值(PPD-A)<0.1 时,判为牛结核病阴性。

3. 假阴性

地塞米松治疗或分娩引起的免疫抑制可降低 γ-干扰素对结核杆菌抗原的应答。1 周内注射地塞米松或 4 周内分娩的动物应重新检测,以排除假阴性结果。

(九) 质量控制

在判定结果前必须检查阴性、阳性对照样品的结果。确定阴性对照和阳性对照的平均 OD 值。在试剂说明书规定的平均 OD 值范围内。检测试剂的判定标准,阴性对照和阳性对照同时成立时,试验有效;如果阴性对照和阳性对照有一个不成立,试验无效。

(十) 注意事项

1. 样本质量

(1) 样本运送过程中样本须常温保存,切勿冷藏或冷冻样本。样本送达检测实验室后,加入 24 孔培养板前应颠倒采血管 5 次混匀,而后立即加入 24 孔培养板中,放入 37℃培养箱(CO_2 培养箱)条件下,直立静置孵育 20h。

(2) 采血后 8h 内,送至实验室,加样孵育。送达实验室后,在进行孵育前,应将血液培养管在室温(18~25℃)放置,切勿冷藏或冷冻血液样本。

2. 加样准确

(1) 向 24 孔培养板加入全血时血液量准确至 1.5 mL。24 孔培养板加入血液后立即充分地振荡混匀,确保血液和抗原充分混匀。不可剧烈摇晃使血液产生气泡,或导致血液飞溅到 24 孔培养板盖板,影响检测结果。

（2）要确保血液样本的新鲜度和准确性，避免剧烈摇晃导致血液产生气泡或飞溅到培养板盖板，从而影响检测结果。同时，要确保实验室环境的清洁和无菌，以防止污染和交叉感染。

3. 生物安全

（1）血液处理、上清液收集和 ELISA 检测应在不同的区域进行，吸头、移液器等不得混用，操作区应有专门的利器桶和垃圾桶。

（2）吸取每个样品后都要更换无酶吸头；加液时均应使用加液器并经常校对其准确性，以减少试验误差；待检血浆样品较多时，应使用八通道或十二通道微量移液器，从稀释板转移至反应板中，缩短加样时间。

4. 检测的有效性

（1）不同批次试剂不能混用，使用前检查试剂的生产日期、有效期、生产厂家，试剂盒内所有成分都储存于 2~8℃，使用完后马上放回 2~8℃。除 100 倍浓缩酶结合物以外，试剂盒从冷藏环境中取出后，应置室温下平衡至少 30 min 后再使用。

（2）未用完的包被板加干燥剂放于自封袋中，置 2~8℃ 保存。为保证试验效果，必须使冻干试剂完全溶解。溶解后的试剂至少放置 15 min，然后轻柔颠倒混合 4~5 次；也可以使用滚动振荡装置混合。使用前再次混匀。必须用纯水或蒸馏水来溶解或稀释试剂，因为试验用水中常见的污染物易使辣根过氧化物酶失去活性。

（3）底物 B 液中含有 TMB 成分，对强光和氧化剂敏感，应尽量避光；洗涤时各孔均须加满洗涤液，防止因洗涤不充分造成非特异性显色。

（4）结果判定必须以酶标仪读数为准，且终止反应后应立即读数，在 10 min 内完成。

（5）请严格按照试验操作步骤操作。试验开始后不要中途间断；封板膜只限一次使用，以避免交叉污染。所有样品、洗涤液和各种废弃物都按照有关规定灭活处理。血液样本和试验废弃物处理应当符合国家生物安全管理要求。

（十一）检测的局限性

下列因素可导致假性结果：操作技术不正确；使用非肝素的抗凝剂；循环的 γ-干扰素水平过高；免疫抑制；使用了污染的试剂；推荐的检测步骤引起的其他误差。

（十二）检测步骤简述

1. 第 1 d-全血培养

采集肝素钠抗凝全血；分装肝素抗凝血；加入刺激抗原；孵育过夜；收获

血浆（按照酶标板布局）；贮存血浆（如有必要，按照酶标板布局）。

2. 第 2 d-牛 γ-干扰素酶免疫试验

按照试剂盒说明书配制洗涤液或者稀释液；按照试剂盒说明书溶解冻干试剂；加入稀释液至所需的酶标板孔中；加入待测血浆（按照板孔布局）和对照至各孔；孵育 60 min；洗板；加酶标结合物（配制酶标结合物）；孵育 60 min；洗板；每孔加入底物（配制底物溶液）；孵育 30 min；终止反应；读取检测结果；结果有效性及判定。

（十三）γ-干扰素检测意义

（1）牛结核病潜伏感染期检测。

（2）阳性牛、疑似牛密切接触牛群。

（3）牛结核病疫情监测和流行病学调查。

（4）疑似牛结核病的鉴别诊断、诊断或排除结核病及评估是否有结核感染的可能性时，须结合流行病学和其他诊断结果一起考虑。

（5）阴性检测结果不能排除结核分枝杆菌感染或结核病的可能性。导致假阴性结果的原因可能是：感染阶段（如在发生细胞免疫反应之前采集标本）、患有影响免疫功能的疾病、静脉采集血液、血液培养操作不正确、检测操作不正确或其他免疫学改变。

（6）作为结核病辅助检测方法，阳性检测结果不能作为判定结核菌感染的唯一或绝对依据，应结合其他检测方法结果进行综合判定。

四、抗体检测（血清学检测）

（一）方法原理

结核抗体检测是一种免疫检测方法，其基本原理是利用已知的结核特异性抗原来检测待检标本中所含的特异性抗体。在这种方法中，如果待检样品中含有能与特异性抗原相结合的抗体，则出现阳性检测结果；反之，则为阴性检测结果。

（二）适用范围

抗原抗体检测用于检测牛血清和血浆样品中的牛分枝杆菌抗体，结核抗体检测可作为牛结核病的辅助诊断方法之一，它可作为一种补充检测方法，与其他方法结合用于诊断和控制结核病的感染以及牛结核病血清流行病学调查，管理牛分枝杆菌的感染和牛结核病的综合防控。

（三）检测样品

检测样品最常见的是血清，有些试剂盒也可用于检测血浆或全血样品中的结核抗体，可以检测新鲜或冷冻过的血清或者血浆样品。其他体液样品中免疫球蛋白的含量明显低于血清，会影响检测结果的准确性，应尽可能选择免疫球蛋白含量较高的样品，以提高检测的准确性。必须按照试剂盒说明书上的指示操作，除非所用的检测试剂盒说明书上有注明可用于上述样品的检测，不能随意更改或扩大检测样品的范围，以确保检测结果的准确性和可靠性。所有解冻样品在稀释前必须彻底混匀，确保每个样品中的结核抗体能够均匀分布，从而得到更准确的检测结果。

（四）仪器设备及耗材

1. 酶标仪或酶标工作站

具有 450 nm 或 630 nm 滤光片；兼容各种规格的微量移液器；孵育功能，可设定温度和时间；检测灵敏度和准确性高。

2. 各种规格可调微量移液器（10 μL、50 μL、100 μL、300 μL、1 000 μL）

可调微量移液器须符合国际标准；精确度高，确保每次吸取和推出的体积准确；使用方便，便于调整和校准。

3. 微量振荡器

适用于酶标板和试剂槽的混合与振荡；提高试剂和样本的混匀效果；可根据需要设定振荡时间和强度。

4. 37℃避光孵育箱或恒温培养箱

可根据试验需要选择合适的孵育温度和时间；具备避光功能，避免光照对试验结果的影响；方便操作，易于控制温度和湿度。

5. 用以稀释洗涤液的量筒

容量适中，可选择不同规格的量筒；便于洗涤液的准确稀释；选择耐用的材料，保证试验过程的准确性。

6. 洗板机（自动、手动或半自动）

适用于酶标板的清洗；可根据试验需求选择自动、手动或半自动洗板机；高效的清洗功能，保证酶标板的干净和准确性。

7. 液体工作站

可自动吸取和分配液体；可根据试验需求设定程序进行液体吸取、分配和混合等操作；高精度和高效率，提高试验过程的自动化程度。

8. 耗材

（1）根据需要选择合适的吸头类型和规格，有必要时可选择备有防堵带滤芯的吸头，提高试验准确性。

（2）试剂加样槽，与酶标板匹配，方便加样和操作，可根据试验需求选择不同的容积和形状。

(3) 蒸馏水或纯水，用于稀释样品和洗涤液的制备；选择合适的容器储存和取用；注意水的质量和纯度，避免对试验结果的影响。

(4) 稀释样品的离心管、板盖或封板膜：根据需要选择合适的离心管类型和规格；板盖或封板膜用于离心管的密封，保证样品安全储存和运输。

（五）试剂

使用结核抗体检测试剂盒时，需要遵循一定的规范和要求，以保证检测结果的准确性和可靠性。

1. 选择合适的试剂盒

虽然有许多种类的结核抗体检测试剂盒，但一定要选择有国家主管部门批准使用的产品，以确保其质量和可靠性。

2. 试剂盒内容

一般使用的试剂盒中已经包含了所有需要的试剂和耗材，无须额外准备。包括抗原包被板、阳性对照、阴性对照、酶标抗体—抗牛IgG、辣根过氧化物酶标抗体、样品稀释液、10×浓缩洗涤液、TMB底物以及终止液等。

3. 试剂保存

试剂应储存在2~8℃的条件中，以保证其质量和效果。同时，如果储存得当，试剂应在有效期内用完，不能使用过期试剂。

（六）操作步骤

1. 试剂恢复室温

在开始试验之前，确保所有试剂恢复至室温，在开始检测前应至少提前0.5 h将试剂放置于室温（22±5）℃；试剂使用前需要混合均匀，轻轻旋转或摇动试剂瓶，避免剧烈的机械搅拌，以免产生气泡或使试剂不均匀。

2. 洗液的配制

按照说明书配制工作浓度的洗液。使用前，浓缩的洗涤液应恢复至室温，浓缩的洗涤液可能含有结晶盐，这些结晶盐在温度下降时可能会析出，必要时37℃水浴可以加速溶解结晶。在稀释前，必须充分混匀。这是为了确保各成分分布均匀，避免局部浓度过高或过低，影响试验结果。工作浓度的洗液可在室温存放3 d，2~8℃存放2周，未用完的20×浓缩洗液应放回2~8℃下存放。洗涤液稀释见表11。

表11 20倍洗涤液配制表格 （mL）

检测反应板	1板	2板	3板	4板	5板	6板	7板	8板	9板	10板
所需洗涤液	500	1 000	1 500	2 000	2 500	3 000	3 500	4 000	4 500	5 000

(续表)

检测反应板	1板	2板	3板	4板	5板	6板	7板	8板	9板	10板
浓缩稀释液	25	50	75	100	125	150	175	200	225	250
蒸馏水或纯水	475	950	1 425	1 900	2 375	2 850	3 425	3 800	4 275	4 750

3. 样品的稀释

样品的稀释是试验中非常重要的一步，有正确的稀释操作，可以确保试验的准确性和可靠性。在进行稀释时，需要注意以下几点。

（1）稀释液的选取：根据试剂盒的说明书，选择正确的样品稀释液进行稀释。稀释液的浓度和性质对试验结果会产生很大的影响，必须严格按照说明书的要求进行选择。

（2）稀释的比例：稀释的比例需要根据试剂盒的说明书进行选择。一般来说，稀释的倍数需要根据样品的浓度和试验的要求来确定。稀释倍数过小，可能会导致试验结果不准确；稀释倍数过大，则可能会浪费样品。因此，在稀释时需要仔细计算，确保稀释倍数合适。

（3）稀释的方法：稀释的方法一般有两种，即手工稀释和机器稀释。手工稀释比较简单，但需要一定的技巧和经验，需要注意保证稀释的均匀性和避免产生气泡。机器稀释则比较精确，但需要使用专业的稀释设备，需要注意设备的清洁和维护。

（4）对照的稀释：在进行样品稀释的同时，也需要对试剂盒中的对照进行稀释。这可以保证试验的准确性和可靠性，同时也方便试验数据的比较和分析。样品稀释见表12。

表12 样品稀释比例 （μL）

稀释比例	2倍			10倍			20倍		
样品	25	50	100	5	10	20	2.5	5	10
稀释液	25	50	100	45	90	180	47.5	95	190
所需稀释样品	50	100	200	50	100	200	50	100	200

4. 抗原包被板的准备

（1）从铝箔袋中取出抗原包被板：在进行试验之前，从铝箔袋中安全取出抗原包被板。需要注意保持铝箔袋的完整性，避免抗原包被板受到污染。

（2）在记录表上标记好被检样品的位置：在开始试验之前，需要明确记录每一个被检样品的位置及其对应的抗原包被板上的位置。这样可以保证试验结果的准确性和可追溯性。

（3）如果使用包被板的一部分，则只需取出足够检测样品的孔数。如果试验所需的抗原包被板的孔数不足一整块板，那么只需要从铝箔袋中安全取出相应数量的孔即可。这样可以避免浪费抗原包被板和其他试验资源。剩下的孔放入额外提供的密封袋中，并放入干燥剂，密封保存于2~8℃；对于没有使用的抗原包被板孔，需要将其放入额外的密封袋中，并加入干燥剂，然后密封并保存于2~8℃的环境中。这样可以保证剩余抗原包被板孔的储存和使用安全，避免因为温度、湿度等环境因素影响其质量和稳定性。96孔酶标板布局见表13、表14。

表13 双孔检测样本的加样布局

行	1	2	3	4	5	6	7	8	9	10	11	12
A	阴	阴	7	7	15	15	23	23	31	31	39	39
B	阳	阳	8	8	16	16	24	24	32	32	40	40
C	1	1	9	9	17	17	25	25	33	33	41	41
D	2	2	10	10	18	18	26	26	34	34	42	42
E	3	3	11	11	19	19	27	27	35	35	43	43
F	4	4	12	12	20	20	28	28	36	36	44	44
G	5	5	13	13	21	21	29	29	37	37	45	45
H	6	6	14	14	22	22	30	30	38	38	46	46

表14 单孔检测样本的加样布局

行	1	2	3	4	5	6	7	8	9	10	11	12
A	阴	5	13	21	29	37	45	53	61	69	77	85
B	阴	6	14	22	30	38	46	54	62	70	78	86
C	阳	7	15	23	31	39	47	55	63	71	79	87
D	阳	8	16	24	32	40	48	56	64	72	80	88
E	1	9	17	25	33	41	49	57	65	73	81	89
F	2	10	18	26	34	42	50	58	66	74	82	90
G	3	11	19	27	35	43	51	59	67	75	83	91
H	4	12	20	28	36	44	52	60	68	76	84	92

5. 加样

按照检测样本的加样布局，加入 100 μL 稀释的阴性对照、100 μL 稀释的阳性对照、100 μL 稀释的样品。要求每个孔加入正确的样本和对照。在此过程中应注意无菌操作，避免污染。贴封口膜或者盖上盖板，在 37℃ 恒温培养箱或者室温孵育 60 min。为了让抗原抗体充分结合，孵育的温度和时间是关键参数，须严格控制。

6. 洗板

加满洗涤溶液洗涤板孔，重复 5 次。每次洗涤时都应丢弃板内液体。在洗板和加入酶标抗体之间应避免包被板变干。在最后一次洗涤液弃掉后，将板中残留液体用力拍到吸水材料上。

7. 加入酶标抗体

在每孔中加入 100 μL 酶标抗体。贴封口膜或者盖上盖板，37℃ 恒温培养箱或者室温孵育 30 min，抗原抗体充分结合。重复洗板 5 次。

8. 加入底物

每孔加 100 μL 底物。贴封口膜或者盖上盖板，在 37℃ 恒温培养箱或者室温孵育 15 min。

9. 加入终止液

每孔加 100 μL 终止液。

10. 结果读取

用酶标仪测定 $OD_{450\,nm}$ 或 $OD_{650\,nm}$ 值。这是 ELISA 试验的最后一步，通过测量 OD 值来判断待测样本的结果是阳性还是阴性，以及抗体浓度的高低。

（七）结果判定

按照检测试剂说明书判定结果，S/P≥0.3 阳性，S/P<0.3 阴性。

（八）注意事项

1. 样本的质量

尽可能使用新鲜样本进行检测，新鲜样本通常含有更高的活性物质，对试验结果的准确性更有保障；反复冻融可能会对样本的物质成分造成破坏，应尽量避免反复冻融；对于冰箱冷藏样本检测前应低速离心 5~10 min 以去除冷凝蛋白对检测结果可能造成的影响。

2. 温度的要求

（1）检测之前须将试剂盒从冰箱取出在室温放置 30 min，恢复至室温，从而减少因温度差异引起的误差。

（2）每个试验步骤都有指定的时间和温度要求，严格掌握检测反应的时间和温度，确保试验反应的完整性和准确性。

3. 严格操作

严格按照牛结核病抗体检测作业指导书或者严格按照试剂盒操作说明书进行操作。整个试验过程小心地吸液、计时、充分洗涤是十分必要的，可以确保结果的精确和准确。只有严格按照指定的步骤和程序进行操作，才能保证试验结果的准确性和可靠性。

4. 试剂质量

（1）不同批号的检测试剂不能混合使用，所有试剂必须在有效期内使用，不要使用过期的产品，使用过期的试剂也可能会影响结果的准确性和可靠性。

（2）不同批次的试剂不能混用。混合使用可能会影响试验结果的稳定性和可靠性。

（3）已取出的试剂不能再放回原试剂瓶，避免试剂盒组分被污染，保持试剂的纯度和有效性。

（4）底物是酶联免疫吸附试验中的重要成分，需要特定的储存条件来保持其有效性。强光和氧化剂都可能破坏底物，不要将底物暴露于强光下或者接触任何氧化剂，用干净的培养皿或者塑料试剂槽放底物液。

5. 设置对照

每次检测必须设置阴性和阳性对照，阴性对照和阳性对照是验证试验操作和试剂质量的必要步骤，只有在阴性和阳性对照成立的情况下，才能判断待检测样本的结果。

6. 必要时重复检测

介于阴性和阳性之间的样本检测结果，或者处于临界值或结果不明确的样本，应重复1遍，重复检测可以提高结果的准确性和可信度。

7. 生物安全

所有废弃物在废弃之前进行妥善的无害化处理，要遵循地方、区域或者国家的规定，确保无害化处理和合理回收利用。防止废弃物对环境和人类造成危害。

(九) 检测的局限性

1. 操作技术不正确

在试验或检测过程中，如果不遵循正确的操作步骤或使用不正确的设备，可能会导致结果不准确。例如，如果使用的试剂比例不正确，样品加量不准确，孵育时间或温度不适宜等，都可能影响结果的可靠性。

2. 某些牛血清中存在游离的可溶性结核抗原

游离的结核抗原可能与血清中的结核抗体结合，形成免疫复合物，这个复合物可能无法被检测到，导致结果出现假阴性。

3. 个体免疫功能低下

某些个体由于免疫系统的问题，可能无法产生足够的结核抗体，即使感染了结核分枝杆菌，也可能无法被检测到。在这种情况下，即使结核抗体检测结果为阴性，也不能排除牛结核分枝杆菌的感染。

4. 阴性结果不能排除牛分枝杆菌感染的可能性

分枝杆菌感染可能不会立即产生抗体，或者抗体可能一过性出现，因此即使多次检测结果为阴性，也不能排除牛分枝杆菌的感染。

5. 使用了污染的试剂

如果使用的试剂被污染或存在质量问题，可能会影响试验结果的准确性。例如，试剂中的杂质可能干扰检测，导致假阳性或假阴性结果。

6. 推荐的检测步骤引起的其他误差

某些检测步骤可能存在误差风险，例如样品制备、孵育时间或温度控制等。如果这些步骤没有按照推荐的方法进行，可能会影响结果的可靠性。

这些因素都可能导致假性结果，即得到的检测结果并不准确或者不能反映实际情况。因此，在进行试验或检测时，需要严格遵循操作规程，使用高质量的试剂和设备，并对试验结果进行合理的分析和解释。

（十）检测步骤简述

（1）按照试剂盒说明书配制洗涤液或者稀释液。

（2）稀释样品，按照加样布局加入待测样品（按照板孔布局）和对照至各孔。

（3）孵育 60 min，洗板。

（4）加酶标结合物，孵育 60 min，洗板。

（5）每孔加入底物，孵育 30 min。

（6）终止反应，读取检测结果，结果有效性及判定。

五、胶体金免疫层析检测

该方法以其简便快速、特异性强、敏感性高、肉眼可判读、试验结果易保存、无须特殊仪器设备和试剂等优点，被广泛应用于兽医临床疾病诊断和检疫中。免疫层析法在整个检测过程只需几分钟，而且检测试剂的制备更简单，稳定性也非常好。该方法是胶体金标记羊抗兔 IgG 抗体，检测动物结核病 IgG 抗体的加强胶体金技术。用本法检测动物血清中抗牛结核分枝杆菌 IgG 抗体的可信度高，其具有较好的推广价值。

六、镧系荧光免疫层析技术

（一）方法原理

采用免疫夹心法和高敏荧光免疫分析法结合的技术，通过荧光免疫层析检测卡检测动物血清样本中的牛分枝杆菌抗体。当血清样本中存在牛分枝杆菌抗体时，会与高敏荧光纳米微球标记的牛分枝杆菌复合抗原反应，形成免疫复合物。该复合物随样液流至检测线，被包被的牛分枝杆菌特异融合抗原捕获并形成双抗原夹心免疫结合物，该结合物的量与检测样品中牛分枝杆菌抗体的含量呈正相关；应用高敏荧光免疫层析分析仪测定结合物中示踪物的荧光强度，即时测定血清中牛分枝杆菌抗体的含量。

（二）用途

本试剂盒用于现场或实验室快速定量检测牛奶、牛血清或血浆中牛结核分枝杆菌抗体含量或效价。

（三）操作步骤

1. 准备

（1）试剂铝箔袋、稀释液和被测样品复温后开始操作。

（2）稀释管、试剂卡按待测样本名称做好标识。

（3）开机按高敏荧光分析仪电源键（灯亮）。

（4）启动手机微瑞云检测 App。

（5）扫描试剂盒上的二维码，在线获取标准曲线。

（6）建立工作目录，选择标准曲线。

2. 稀释

（1）牛奶 10 倍稀释：稀释管中先加入 360 μL 稀释液，再加入待检的混匀牛奶 40 μL，混匀待检。

（2）血清或血浆 50 倍稀释：取 490 μL 稀释液加入稀释管中，再加 10 μL 待检血清或血浆，混匀待检。

3. 加样

（1）将移液器调至 80 μL，反复吸打 5 次或者使用涡旋振荡仪混匀稀释待检样本。

（2）吸取 80 μL 混匀稀释后待检样本加入对应编号的试剂卡加样孔中，静置免疫反应 15 min 检测。

4. 检测

将试剂卡插入高敏荧光分析仪，点"检测"键，客户端账户即时显示检测结果并自动保存。

5. 结果判定

检测抗体效价≥32 抗体为阳性；检测抗体效价<32 抗体为阴性；牛结核抗体效价值与牛结核抗体含量成正比。

第二章　牛结核病监测方案的制定

制定全面、可持续、高效的牛结核病监测方案，选取适宜的检测方法，确保监测过程的高效性与科学性，提供科学、准确的监测结果，是牛结核病防控策略有效性的基石。牛结核病的监测方案为牛群健康与牛场生物安全提供坚实保障，维护动物健康、保护畜牧业健康发展，为食品安全和公共卫生安全提供保障。

第一节　监测计划制订的原则

一、检测方法选择

在牛结核病的监测与防控策略中，检测方法的选择是至关重要的一步。这不仅涉及牛结核病的早期发现与控制及综合防控，更是保障食品安全和公共卫生安全的重要环节。在检测方法的选择上，综合考虑检测的准确性、成本、适用范围以及操作的便捷性。采用先进的检测技术和方法，提高检测效率和质量。同时，还应考虑地区特点、牛群状况，根据实际情况和需求进行灵活调整和优化，合理选择并组合使用多种检测方法，以确保监测的全面性和准确性。

（一）**检测的准确性**

检测的准确性是牛结核病检测的核心要求，高准确性的检测方法能够降低漏检和误检的风险，从而确保牛结核病的早期发现和有效控制。同时，检测方法的选择应考虑检测试剂的敏感性和特异性。

（二）**检测成本**

不同方法的成本可能差异很大，包括试剂成本、设备成本、人力成本等。

1. 试剂和耗材成本

(1) 皮内变态反应试验成本较低，主要包括提纯牛型结核菌素和一次性注射器等。

(2) 牛结核病 γ-干扰素检测成本较高，主要包括牛结核病 γ-干扰素检测试剂盒、24 孔培养板和无菌无酶吸头等。

(3) 分子生物学检测成本较高，包括核酸提取试剂盒、牛结核病分子生物学检测试剂盒（PCR 检测试剂盒、荧光 PCR 检测试剂盒、数字 PCR 检测试剂盒）和无菌无酶吸头等。

2. 设备成本

(1) 结核菌素皮内变态反应试验设备成本较低，游标卡尺就能满足检测。

(2) 牛结核病 γ-干扰素检测设备成本较高，需要二级以上生物安全实验室，配备专业的实验室设备，如生物安全柜、离心机、恒温培养箱、酶标仪等。

(3) 分子生物学检测成本较高，需要二级以上生物安全实验室，配备专业的实验室设备，如生物安全柜、离心机、PCR 仪、电泳仪、荧光 PCR 仪、数字 PCR 仪、数字 PCR 分析仪等。

(三) 适用范围

直接关系到检测工作的效率和可行性，应根据实验室条件、检测人员、牛群的规模、地理位置、疾病流行情况等选择合适的监测方法。

1. 结核菌素皮内变态反应试验

结核菌素皮内变态反应试验是牛结核病监测的初步筛查方法，广泛应用于基层牛结核病的检测，特别适用于大规模的动物群体筛查，快速识别疑似感染牛，为进一步精准检测提供依据。

优点：操作相对简单，结果直观，成本较低，适合大规模筛查；缺点：受到个体差异和免疫状态的影响，可能出现假阳性和假阴性结果，需要进一步的确认性检测。

2. γ-干扰素体外释放法

适用于牛结核病的早期监测和皮内变态反应结果阳性牛确认。能够有效地减少假阳性结果，提高检测的总体效果。

优点：具有较高的特异性；缺点：成本较高，需要二级生物安全实验室和相应的技术人员。

3. 分子生物学技术

适用对牛群进行早期筛查，及时发现潜在病例，降低疫情传播的风险，对疑似病例进行确诊。

优点：具有快速、可扩展和准确的特点；缺点：检出率低和技术依赖性强。

二、监测时间规划

牛结核病监测计划的科学性和可行性，是确保牛结核病监测效果的关键环节，对于牛结核病的综合防控具有重要意义。

（一）总体原则

基于"提前布局，灵活调整"的原则，明确监测周期和时间安排，制订牛结核病监测计划。根据特定牛群的具体情况和传播风险，能够及时调整与优化检测规划，有效利用资源，确保监测工作的连贯性、高效性和准确性，为牛结核病的防控工作提供有力支持。

（二）监测周期与时间安排

牛结核病的潜伏期较长，且传播具有隐蔽性，因此，监测周期的选择需要充分考虑牛结核病的特性。

1. 常规监测

以每半年为1个监测周期，对牛群进行持续的、定期的监测，科学评估牛结核病的感染风险，及时发现潜在的感染牛群。执行国家标准《动物结核病诊断技术》（GB/T 18645—2020），运用皮内变态反应试验进行全群监测。具体监测时间可根据当地的气候条件、牛群健康状况以及牛结核病感染风险进行调整。一般选择在春季（3—5月）和秋季（9—11月）。

2. 特定牛群监测

根据牛群的具体情况、牛结核病的感染率及检测结果，定期评估牛结核病传播的风险，并根据评估结果及时调整监测策略。

（1）高风险牛群：对于高风险的牛群，与阳性牛或者疑似感染牛有过接触的牛群，应增加监测频次，缩短监测周期、扩大监测范围，采用更高敏感度或更加特异性的监测方法，以确保及时发现感染牛群。

（2）疑似感染牛群：对于疑似感染的牛群，应立即进行隔离观察，并进行紧急监测。对皮内变态反应检测阳性的动物，应进行复检和确诊，以确保结果的准确性。

（三）加强沟通与协调工作

加强与兽医主管部门和动物疫病预防控制中心的沟通与协作，共同制订和实施监测计划，合理安排监测工作的人力、物力和财力资源，确保监测工作的连贯性和高效性。

三、监测资源配置

在牛结核病的监测与防控策略中,资源充足、合理配置及有效利用是确保监测计划成功实施并达到预期效果的关键,是保障监测工作顺利进行的前提。有效的资源配置不仅能够提高监测效率,还能在面对突发状况时迅速响应,保障监测体系的稳定运行。监测计划的制定应明确所需设备、人员及资金,制订详尽的采购与使用计划、关键资源的备用方案,确保监测活动的连续性和有效性。

(一)检测设备的精准选择与采购

检测设备是开展检测工作最基本的前提条件,检测设备准确度和完好程度直接关系到检测的准确性和效率。设备具有高精度和高灵敏度,优先选择性能好、通用、便宜、操作方便的试剂和耗材,使用年限长、容易维修、维护低成本等,以满足检测需求。此外,考虑到设备的使用频率和潜在的故障率,合理配置一定数量的备用设备,以确保监测工作的连续性。

(二)检测人员

人员不仅是监测工作的核心,更是检测结果准确性和有效性的关键。需要配备专业的监测技术人员和相关辅助人员,确保监测工作顺利进行,为牛结核病的精准诊断和科学防控提供有力支持。

1. 牛场技术负责人

负责制定并实施牛场牛结核病监测方案,收集、整理和分析监测数据,能够准确解读检测结果。

2. 牛场技术人员

具备丰富的兽医专业知识和实践经验,熟悉牛结核病的流行病学特点、临床症状及牛结核病的防控策略。能够执行牛场牛结核病的监测计划,负责皮内变态反应试验、实验室检测样本的采集、牛场相关人员检测技术培训等工作。

3. 实验室技术人员

熟悉并严格遵守实验室操作规范和安全规程;熟练掌握实验室设备的使用和日常维护;掌握牛结核病的检测方法和操作规范;确保检测结果的准确性和可靠性。负责实验室检测工作,包括样本处理、实验操作、数据处理和检测结果分析等关键环节。

4. 辅助人员

在牛结核病监测工作必不可少,协助牛场技术人员进行样本采集;按照检测操作规范，准备各种检测试剂和耗材，确保检测工作的顺利进行；定期清理和消毒检测设备、仪器和场地。

（三）检测试剂、耗材的种类与采购

1. 提纯牛型结核菌素、禽型结核菌素

用于皮内变态反应试验，是诊断牛结核病的重要试剂。

2. 牛结核病 γ-干扰素检测试剂盒

用于牛结核病 γ-干扰素体外释放试验，是辅助诊断牛结核病的重要手段。

3. 分子生物学检测试剂盒

用于牛结核病的精准检测。牛结核病荧光 PCR 检测试剂盒、牛结核病（分枝杆菌）微滴数字 PCR 检测试剂盒。

4. 配备必要的防护用品

手套、口罩、防护服、防护帽和鞋套等，确保操作人员的安全。

（四）检测实验室

实验室是牛结核病检测工作的重要场所，应具备良好的通风、照明和温度湿度控制条件。实验室应配备必要的生物安全柜、高压灭菌器等设备；检测操作区域应分隔明确，避免交叉污染；实验室应定期进行清洁和消毒，确保环境的整洁和卫生，确保检测过程中的生物安全。建立完善的实验室管理制度，对试验过程进行记录和监控。对设备的使用、维护、保养等过程进行记录和监控，确保设备的安全和有效使用。

（五）资金的合理规划与使用

资金是监测工作的物质基础，是牛结核病监测工作的基础保障，合理的资金规划和使用至关重要，对于提高监测效率、确保结果准确性以及保障工作可持续性具有重要意义。

1. 制订详细的预算计划

（1）设备采购费用：包括新设备的购置和旧设备的更新维护费用。

（2）试剂和耗材费用：用于采购检测试剂、样本采集工具、防护用品等。

（3）人员费用：技术人员、辅助人员以及管理人员的工资和用于提升人员理论知识和专业技能水平的培训费用。

（4）运营费用：实验室水电费、场地租金、维护费用等。

（5）备用资金：考虑到监测工作的长期性和不确定性，应预留一定比例的预算作为应急资金。这部分资金可用于应对突发情况。

2. 拓宽资金来源渠道

积极争取政府补贴，用于监测工作的开展。申请科研项目，用于支持牛结

核病监测技术的研发、优化和推广，提升牛结核病的监测水平。

3. 确保资金的可持续使用

建立严格的资金监管机制，确保资金的合理使用和有效监管，提高资金使用效率，确保资金用于预定的监测工作。

(六) 关键资源的备用方案

在牛结核病的监测中，关键资源的短缺可能严重影响监测工作的正常进行。对于这类资源，应制定详细的备用方案。尤其对于高风险区域或关键监测阶段，备用方案的完备性是保障监测工作顺利进行的重要保障。

四、数据收集与处理

数据收集与处理是牛结核病监测计划中不可或缺的重要组成部分，设计严谨的数据收集方案，建立规范的数据处理流程，执行严格的数据质量控制方法，确保数据的完整性和准确性，为牛结核病的监测提供精准的数据支持，构建高效的牛结核病监测体系。

(一) 设计数据收集方案

1. 明确目标

通过制定详细的数据收集方案，通过收集和分析相关数据，为制定科学合理的防控策略提供决策支持。

2. 数据信息

(1) 基本信息：地理位置、养殖规模、饲养管理。

(2) 牛群信息：牛群结构、内外调运、健康状况、品种、年龄、性别、繁殖状况等。

(3) 牛结核感染信息：牛结核病发现时间、地点、发病数量、同群规模、处理措施等。

(4) 检测结果：皮内变态反应试验（PPD 试验）结果、γ-干扰素释放试验（IFN-γ 试验）结果、PCR 检测结果等。

3. 数据来源

(1) 牛场管理记录：饲养管理、健康状况、牛群结构、疫病防控等方面的记录。

(2) 检测报告：牛结核病检测报告，包括检测方法、检测时间、检测结果等。

(3) 动物疫病预防控制中心对牛结核病疫情的监测、报告和处理记录。

4. 采集频率

应根据监测周期和牛群状况灵活调整，确保数据的时效性和相关性。一般来说，可以遵循以下原则。

（1）常规监测采集：对于未发生疫情的牛群，按照一定的检测周期进行常规采集。

（2）重点监测采集：对于疫情高发地区或疑似疫情的牛群，增加采集频率。

（3）紧急监测采集：在牛结核病确诊病例或发现疑似病例时，开展紧急采集，及时收集和处理相关数据。

5. 采集方法

（1）现场调查通过现场观察和询问的方式收集信息。直观了解养殖场的饲养环境、牛群健康状况及卫生管理水平。观察养殖场的布局、设施条件、牛群的精神状态、体表状况、粪便情况等。询问养殖场负责人或饲养员关于饲料来源、饲养密度、牛结核病发生历史等问题。

（2）牛结核病检测选择合适的检测方法。根据检测需求，采集血液、拭子（如鼻腔拭子、咽拭子）、组织样本等，进行牛结核病的检测。根据检测结果判定是否感染牛结核病或者是否有感染的风险。

（3）数据录入与整理。数据录入与整理是将收集到的数据进行系统化、规范化的整理与分析的过程。将收集到的数据录入数据库或表格，进行整理、分类，便于后续的数据分析和处理。

通过以上采集方法和步骤，及时发现饲养管理与疫病防控中存在的漏洞与不足并采取科学精准的应对措施，有助于提高养殖场的疾病防控水平和动物健康管理水平。

6. 记录方法

（1）纸质记录：适用于小型或偏远地区的养殖场，但须确保记录的准确性和完整性。

（2）电子记录：利用移动设备或在线平台实时收集数据，提高效率和准确性。

（3）自动化收集：如通过智能设备自动监测牛群健康状况，减少人为误差。设计统一的数据收集表格或问卷，确保数据的格式一致性和可比性。

（二）建立数据处理流程

数据处理流程的建立旨在确保数据从收集到分析的每一个步骤都能得到妥善处理，避免数据丢失、错误或泄露。对于确保数据质量、挖掘数据价值以及制定综合防控措施至关重要。

1. 数据录入

将收集到的原始数据录入统一的数据库中。这可以确保数据的集中管理和后续处理的基础性工作。

2. 数据分类与整合

检查原始数据，对数据进行必要的预处理，将来自不同渠道或时间段的数据进行整合，形成完整的数据集，确保数据的唯一性、准确性和完整性。将不同来源的数据转换为一致的格式，便于后续的统计分析。

3. 数据分析

根据目标需求，选择合适的分析方法，如描述性分析、相关性分析、回归分析等。利用数据可视化工具，如图表、柱状图、折线图等，直观展示数据的分布和趋势。辅助数据解释和决策，提高数据分析的准确性和可信度，提高数据的有效使用。

4. 生成报告

根据分析结果挖掘数据背后的潜在信息，如牛结核病流行趋势、影响因素等，生成数据报告。

5. 数据应用与维护

将处理后的数据和分析结果应用于牛结核病综合防控。定期对数据进行更新和维护，以确保数据的时效性和准确性。

（三）数据的完整性和准确性

1. 标准化数据采集

制定统一的数据采集标准和流程，设计统一的数据收集表格或问卷，明确数据的格式、单位和采集方法。所有数据采集人员遵循相同的标准和流程，确保收集到的数据格式一致性、准确性和可比性。

2. 数据审核与校验

在数据录入之前，对数据进行预审，检查数据的完整性、逻辑性和一致性。对采集到的数据进行双人复核，确保数据的完整性和准确性。定期对收集到的数据的有效性进行验证。

3. 数据备份与恢复

定期对数据库进行备份，确保在数据丢失或损坏时能够迅速恢复。在数据备份的基础上，制订详细的数据恢复计划，包括恢复步骤、恢复时间和恢复人员等，确保在紧急情况下能够迅速有效地恢复数据。

4. 数据加密与安全

采用加密技术，确保数据在传输和存储过程中的安全性。设置合理的数据访问权限，确保只有经过授权的人员才能访问和修改数据，防止数据泄露和滥用。

5. 数据与评估

定期对数据采集质量进行评估和反馈，确保数据的完整性、有效性和时效性。根据评估结果，调整数据收集和处理流程，持续优化数据质量控制体系。当数据质量出现问题时，及时发出报警并采取相应的纠正措施。

6. 加强监督与管理，确保各项措施得到有效执行

制定完善的数据质量管理制度，明确数据质量控制的责任、标准和流程，为数据质量控制提供制度保障。

7. 设立专门的数据收集团队或负责人

负责数据的收集、整理和上报。

第二节 健康牛群的监测

一、净化场牛群的监测

净化场牛群的监测是牛结核病防控体系中的关键环节，实施一套完整的监测方案，通过持续监测，防止牛结核病的传入，保持牛群的健康状态，确保牛结核病净化场的持续性和有效性。净化场牛群的监测不仅能够及时发现并控制潜在的牛结核病感染，还能通过持续的管理与优化，保持牛群的无结核病状态，为畜牧业的可持续发展和公共卫生安全提供坚实的保障。

(一) 净化场创建检测

牛结核病净化场创建检测是基于一系列的检测流程，不仅需要对牛群进行全面检测，还需要对牛场的环境进行监测和风险评估，确保牛场无牛结核病。

1. 牛群全面检测

在牛结核病净化场创建初期，牛群的全面检测是首要任务。增加检测的频率，选用敏感度高的检测技术，确保每一头牛都经过严格检测，排除携带牛结核病的可能性。对于检测结果疑似的牛，应立即进行隔离措施，进一步确诊。对确诊阳性牛应立即按规定进行无害化处理。

2. 环境、水源、饲料等监测与风险评估

在净化场创建初期，须对牛场的环境、水源、饲料等进行实验室检测与风险评估，及时发现风险点，发现并消除潜在的污染源，确保无牛结核病。

(二) 净化场维持检测

净化场维持检测是确保牛结核病净化场长期有效的关键。在净化场创建后，通过持续的监测与严格的管理，维持牛群的无结核病状态，是净化场维持检测的核心目标。

1. 源头把控

引进牛群和犊牛严格检测。牛场应最大限度减少牛只的引入，确需引进的必须来自结核病非疫区并严格执行引入牛检测隔离的相关规定，对新引进的牛群必须在引入前、引入隔离期间采用多种方法进行两次结核病全群检测，确保无牛结核病后再并入净化场内的牛群。

2. 实时监测

采用多种实时检测技术，对牛结核病净化场进行实时监测，提高牛结核病防控的时效性。对牛群的精神状态、食欲、呼吸进行观察，发现疑似牛结核病症状，如咳嗽、呼吸困难、消瘦、淋巴结肿大等，一旦发现异常情况，立即进行预警和处理，进行隔离和进一步检测，防止牛结核病的传播。

3. 定期监测

定期对净化场进行牛群检测与环境监测、牛结核病风险评估，以维持牛群的净化状态。以半年1个周期，应用皮内变态反应试验对全群牛进行检测，全面、准确地了解净化场内牛结核病流行状态。定期对牛场的土壤、水源、饲料等进行检测，确保无结核分枝杆菌的存在。对检测结果进行详细记录和分析，及时发现并处理异常情况。

4. 随机检测

不定期对牛群进行随机抽样检测，随机检测与定期监测相结合，形成互补的监测体系。评估监测计划的有效性，及时调整监测策略，不断优化监测方案。

5. 多种方法联合检测

两种及以上检测方法串联或并联使用，提高检测的准确性和敏感性，减少漏诊和误诊。

6. 建立应急检测预案

净化场应制定应急预案、紧急检测流程和应对措施。

二、牛结核病无疫小区的监测

通过创建牛结核病无疫小区，不仅能够有效控制和根除牛结核病，还能提升区域内的牛群健康水平。无疫小区牛结核病的监测，是构建牛结核病防控区域化管理的关键举措。不仅能够及时发现并控制潜在的牛结核病感染，还能通过持续的检测与优化，保持牛群的无结核病状态。

（一）无疫小区创建检测

创建无疫小区的首要任务是对区域内牛群进行全面的牛结核病综合检测。在检测方法的选择上，参照净化场创建检测的要求，采用皮内变态反应试验和γ-干扰素释放试验联合检测的方法。在检测过程中，要严格按照操作规程进行，确保检测结果的准确性。对于检测结果为阳性的牛，要及时进行隔离和处理。处理方式参照净化场创建时对阳性牛的处理方法，包括隔离、确诊和无害化处理等。

（二）无疫小区持续检测

持续检测是无疫小区维持无疫状态的重要保障。在无疫小区成功创建后，为了确保其长期保持无疫状态，必须定期对小区内的牛群和环境进行维持检测。

1. 检测周期

每年至少进行2次全面检测，以确保对牛群和环境中的牛结核分枝杆菌进行全面排查。根据无疫小区的实际情况和风险评估结果，可以对检测周期进行适当调整。

2. 检测方法选择

（1）联合检测方法。

可以继续采用皮内变态反应试验（PPD试验）、γ-干扰素释放试验（IFN-γ试验）和分子生物学检测等联合检测方法，以提高检测的准确性和可靠性。

（2）单一高准确性检测方法。

根据实际情况，也可以选择单一的高准确性检测方法，如分子生物学检测方法或γ-干扰素释放试验（IFN-γ试验）。这些方法具有高度的敏感性和特异性，能够快速准确地识别出携带牛结核杆菌的牛群。

3. 优化监测网络

通过数据共享与交流机制，不断优化区域内的牛结核病监测网络，提高监测的覆盖面和准确性。建立与其他牛场的数据共享机制，及时了解周边牛场的疫情动态,为无疫小区的监测策略调整提供参考。与动物疫病防控机构合作,与动物疫病防控机构保持密切联系,获取最新的疫情信息和防控策略。

第三节 污染牛群的监测

一、牛场结核病风险等级管理

在污染牛群的监测中,对牛场进行牛结核病风险评估和分类管理,是制定牛结核病监测策略的核心要素,通过科学评估,构建多层次、全方位的风险管理体系。有针对性地制定未达控制标准、控制标准和稳定控制标准牛群的差异化监测策略,以实现精准监测,实现对牛结核病的有效防控和资源的合理分配。

(一) 风险评估与分类

牛结核病的风险评估策略基于对牛场特定条件和疾病传播风险的评估。评估牛群受感染的潜在风险,包括牛场的养殖环境、生物安全管理措施、既往疫病流行史、牛群健康状况、人员流动等多个方面。根据牛结核病风险评估结果,将牛场划分为不同的风险等级,如高风险、中风险和低风险等。高风险牛场生物安全措施不足,牛结核病传播的风险较高;低风险牛场拥有完善的生物安全体系,牛结核病传播的风险较低。

(二) 监测周期与防控措施

1. 监测周期

高风险牛场须采取更为严格的监测措施,缩短监测周期,增加检测频次,以便及时发现并处理潜在的牛结核病牛。低风险牛场按照常规的监测计划进行,确保对牛结核病的持续监控。

2. 防控措施

加强饲养管理,提高饲养环境卫生,合理控制牛群数量和密度,避免过度拥挤。严格分区管理,设立专门的饲养区域,并设立相对独立的病牛隔离区域,避免牛结核病的传播;定期对牛场环境进行消毒,对病死牛及检测的阳性牛及时进行无害化处理,防止疫情扩散。

(三) 实施与监督

1. 实施计划

制订详细的牛结核病防控实施计划,明确各级风险牛场的监测周期、防控措施和责任人。确保实施计划的可行性和有效性，及时调整和优化计划，以适应实际情况的变化。

2. 建立监督机制

对各级风险牛场的实施情况进行定期检查和评估。对发现的问题及时进行处理和整改，确保防控措施的有效执行。

(四) 资源的合理分配

在牛场结核病防控工作中，实施风险等级管理不仅有助于精准识别和控制风险，还能实现资源的合理分配，确保防控工作的效率和效果。

1. 高风险牛场

由于其存在较高的结核病传播风险，牛场的资源优先分配。加强牛群的结核病监测工作，包括增加监测频次、扩大监测范围等。为了提升高风险牛场的防控能力，将优先向这些牛场派经验丰富的专业人员，提供技术指导和培训。高风险牛场将优先采用更加敏感的检测技术，以提高检测的准确性和敏感性。

2. 低风险牛场

结核病传播风险较低，制订更为合理的监测计划，充分利用现有的检测设备和人员资源，确保牛场的长期稳定。

3. 资源合理分配的意义

(1) 优化资源利用：对于低风险牛场，通过优化现有资源利用，可以避免资源的浪费和重复投入，提高资源的利用效率。

(2) 提高防控效率：通过精准识别高风险牛场，将有限的资源优先用于这些牛场的防控工作，可以显著提高防控效果，降低牛结核病发生的风险。

(3) 促进牛场稳定发展：通过实施风险等级管理，可以确保牛场在防控结核病的同时，保持正常的生产和经营秩序，促进牛场的稳定发展。

(五) 应急预案与持续优化

在牛场结核病防控工作中，针对不同风险等级的牛场制定应急预案，并持续评估和优化风险等级管理策略，在突发情况下能够迅速、有效地应对，确保防控体系有效运行和动态调整。

1. 高风险牛场

应建立快速响应机制，一旦发现疑似病例，立即启动紧急检测流程，包括样本采集、检测、结果分析和报告等环节，确保在最短时间内获得准确结果。

2. 中风险牛场

加强日常监测，定期进行风险评估，一旦风险升级，迅速启动紧急检测流程。

3. 低风险牛场

虽然风险较低，但仍须保持警惕，建立基本的紧急检测流程，以备不时之需。

二、未达控制标准牛群的检测

在牛结核病的防控体系中，对于未达控制标准的牛群，牛群可能处于高风险状态，或是处于牛结核病感染的早期阶段，实施严格而有效的检测方案是至关重要的。结核病监测方案应综合考虑其生理成熟度、免疫系统状况以及可能的疾病传播风险，确保检测周期合理、检测流程规范，并加强后续监测与防控工作，以保障牛群的健康和安全。

（一）犊牛检测方案

犊牛由于其免疫系统尚未发育完全，对牛结核病的抵抗力较弱，因此应缩短其检测周期，以尽早发现并控制潜在的感染。每季度对犊牛进行一次牛结核病检测，确保能够及时发现并隔离感染个体，防止牛结核病在犊牛群中扩散。在犊牛出生后4周龄时，进行首次皮内变态反应试验（PPD试验）。对于皮内变态反应试验结果可疑或阳性的犊牛，应在检测后的1周内通过牛结核病 γ-干扰素体外释放法（IFN-γ 释放试验）进行确认检测。当牛群中出现疑似结核病时，应立即对犊牛开展紧急检测。

（二）青年牛检测方案

青年牛在进入青年牛阶段（一般为6~12个月龄）时用皮内变态反应试验进行首次全面检测，之后每半年进行1次后续检测。对于皮内变态反应试验结果可疑或阳性的青年牛，应在检测后的1~2周通过牛结核病 γ-干扰素体外释放法（IFN-γ 释放试验）进行确认检测。当牛群中出现疑似结核病时，应立即开展全群检测。

（三）成母牛检测方案

每半年对成母牛群进行1次全面的皮内变态反应试验，对于皮内变态反应试验结果可疑或阳性的犊牛，应在检测后的1~2周通过牛结核病 γ-干扰素体外释放法（IFN-γ 释放试验）进行确认检测。当牛群中出现疑似结核病时，应立即开展全群检测。

（四）综合检测策略

对于未达控制标准的牛群，综合检测策略的制定应考虑到牛群的年龄结构、健康状况和疾病传播风险。通过综合检测策略的实施，实现牛结核病的控制。

1. 多方法联合检测

皮内变态反应试验、牛结核病 γ-干扰素体外释放法和分子生物学多种方法联合检测，以提高检测的准确性和敏感性。

2. 灵活的检测周期

根据牛群的风险级别和牛的生理阶段调整检测频率，确保早期发现感染个体。

3. 严格的隔离与监控

对于检测结果为阳性的牛，应立即采取隔离措施，避免与健康牛群接触，并进行进一步的确诊。

三、控制标准牛群的检测

控制标准牛群的检测是牛结核病监测与防控策略中的关键环节，旨在通过定期、全面的检测，及时发现牛结核病感染情况，采取有效措施，预防和控制牛结核病的传播。

（一）定期全群检测

定期的全群检测是控制标准牛群结核病防控的基础。每年至少进行两次全群检测，使用准确可靠的检测方法，确保及时发现并处理潜在的感染。检测时，应确保所有牛群100%接受检测，不留死角，同时做好检测记录，以便后续分析和追踪。

（二）新引入牛群检测

新引入牛群的检测是防止牛结核病外部输入的关键环节。对于新引入的牛群，应在入场前进行严格的检测，确保其未携带牛结核病，引入后应严格隔离并再次检测，两次检测结果均为阴性方可混群饲养。应使用与全群检测相同或更敏感的检测方法，以确保检测的准确性和可靠性，以防止牛结核病的潜在传播。

（三）疑似和阳性牛处理

对疑似牛结核病牛进行隔离，用敏感性和特异性更高的检测方法进一步确诊，确诊为牛结核病的，按照相关规定进行扑杀和无害化处理。同时，对疑似和阳性牛有过接触的牛群进行跟踪检测，确保牛结核病得到及时控制。

四、稳定控制标准牛群的检测

稳定控制标准牛群检测的目的是通过持续的检测与严格的管理，确保无牛结核病感染，维护牛结核病防控成果的长期稳定。重点在于预防牛结核病的再次感染，及时发现并处理潜在风险。

每半年进行1次全群检测，以确保对牛群无结核病的持续跟踪。当周边地区有牛结核病疫情发生时，及时调整检测策略，对牛群进行紧急检测。定期监测和随机检测相结合，必要时多种方法联合检测，提高检测的准确性，及时发现潜在的感染风险和疑似个体。

第四节　引种、引入牛的检测

引种、引入检测是防止牛结核病通过引种、引入牛带入牛场。通过严格的检测流程、科学的检测方法以及有效的生物安全管理，可以有效识别和排除潜在的感染牛，保障牛群的生物安全。引种检测将成为牛结核病防控体系中的一道重要防线，为构建健康、稳定的牛群环境奠定坚实基础。

一、引种、引入前检测

（一）应从牛结核病无疫区或结核病净化场等非疫区引入

最大限度降低牛结核病引入风险。

（二）选择合适的检测方法

根据当地牛结核病流行情况和牛群特点，选择合适的检测方法。如果条件允许，可以采用多种方法联合检测，以提高检测的准确性。

（三）检测人员的专业性

检测人员应具备丰富的专业知识和实践经验，不仅要熟悉各种检测方法的原理和操作步骤，了解牛结核病的流行病学特点和临床表现，能够严格按照操作规程进行精准检测，而且能够准确解读检测结果。

（四）加强生物安全管理

在检测过程中，应加强生物安全管理，检测人员要严格遵守生物安全操作规程，对检测设备和环境进行定期消毒和清洁，避免在检测过程中结核病传播和交叉感染。

二、隔离期检测

（一）检测流程

在隔离期间，重复与引种、引入前一样的检测流程，以确定是否存在潜在感染牛结核病。

(二) 精准检测

必要时应开展高敏感性和高特异性的检测技术，能够直接检测病原体，具有高度的准确性和可靠性，评估是否存在牛结核病潜伏感染的传播风险，精准识别牛结核病牛。

(三) 风险评估检测

除了牛结核病常规检测外，还应开展风险评估检测，评估是否存在牛结核病潜伏感染的传播风险。

(四) 加强生物安全管理

在隔离期间，应加强生物安全管理措施，确保隔离区的清洁和消毒工作得到有效执行，以防止牛结核病传播。

三、引种、引入后检测

(一) 定期监测与长期监控

通过引种前与隔离期的检测后，还须进行长期的定期监测与监控，以确保无牛结核病。根据牛群的健康状况与牛结核病流行状况，制定定期监测计划，一般建议每半年进行1次全面检测。

(二) 检测技术选择

结合皮内变态反应、牛结核病γ-干扰素体外检测和分子生物学检测技术等，引入新型诊断工具，构建多技术融合的综合检测体系，以提高检测的敏感性和特异性。

第五节　牛场的环境检测

牛场的环境检测是牛结核病监测与防控体系中的重要组成部分。主要是识别和评估牛场内外环境可能存在的牛结核病感染源。通过监测牛场环境，包括空气、水源、土壤、饲料以及牛舍内外的各种设施，可以及时发现结核分枝杆菌的存在，从而采取必要的措施进行消杀和隔离，防止牛结核病在牛群中的传播。

一、检测点的选择与风险评估

检测点选择与生物安全评估是环境检测中的首要任务，检测点全面覆盖牛场的所有区域，结合牛场布局和牛群活动模式，包括但不限于牛舍内外、饲料储存区、水源、粪污处理区以及周边环境等。评估可能传播牛结核病的潜在风险点，降低牛结核病在牛场内外的传播风险。

（一）圈舍内部、外部

圈舍内部包括牛舍的地面、墙壁、饲槽、水槽等。这些地方是牛群日常生活的主要场所，也是结核分枝杆菌容易滋生的地方；圈舍外部包括运动场、粪便堆放区、污水处理区等，这些区域是牛群活动的重要场所，也是潜在的感染源。

（二）饲草料和水源

饲草料和水的污染可能导致整个牛群感染结核病。水源检测包括牛场内的饮用水、灌溉水和雨水收集系统。饲草料检测侧重点是在饲料原料中发现病原体，以及饲料储存和分配过程中的生物安全措施是否到位。

（三）人员和车辆

评估牛场的人员流动管理、消毒程序和外来车辆的消毒措施。

二、分子生物学检测

分子生物学具有高度的特异性和敏感性。特别适用于对牛舍地面、饲料、水源等环境表面的采样分析。采集饲草料、饮水、环境拭子、粪便、污水等，利用荧光PCR、数字PCR、基因测序等分子生物学手段，可以准确判断是否存在牛结核分枝杆菌DNA。评估环境中可能存在的牛结核分枝杆菌病原体，判断牛结核病的潜在传播途径。

优点：分子生物学检测能够在短时间内对大量样品进行检测，准确地检测环境中的结核分枝杆菌病原体。

缺点：结果可能受到样品处理、核酸提取等多种因素的影响，因此在操作过程中需要严格控制试验条件，确保结果的准确性。

第三章　牛结核病检测结果应用

对牛结核病进行及时、准确的检测，不仅是控制疾病在牛群中传播的关键，也是保障畜牧业健康发展和维护公共卫生安全的重要举措。通过科学的检测方法有效地识别出阳性牛和可疑牛，从而实现对牛结核病的早期预警和精准防控。一旦发现阳性或可疑牛，应立即采取隔离措施和无害化处理。同时，对病害畜产品无害化处理，保障公共卫生安全和人体健康。

第一节　阳性、可疑牛及病害畜产品处置规程

一、检测与确认

牛结核病的检测是预防和控制其在牛群中传播的关键环节。初步检测的结果可能会受到多种因素的影响，如检测方法的选择、样本的采集和处理质量，以及牛个体差异等，这些都可能导致假阳性或假阴性的出现。因此，当初步检测结果显示牛为阳性或可疑时，应立即进行进一步的确认检测，以确保诊断的准确性，并采取相应的防控措施。

（一）确认检测方法

1. 重复检测

重复检测应严格遵循相同的检测标准和操作规程，确保检测条件的一致性和可比性。使用相同的检测方法对同一份样本或重新采集的样本进行重复检测。这有助于排除因操作失误或样本污染导致的假阳性结果。

2. 更精确的检测手段

如果初步检测使用的是较为基础的检测方法，在确认阶段，可以选择更精确、特异性更强的检测手段，如分子生物学检测、基因测序等提供更加准确的

诊断结果。

3. 综合评估

除了实验室检测结果外，还应结合牛的临床症状、流行病学史等信息进行综合评估。有助于更全面地了解牛的健康状况，提高诊断的准确性。

(二) 确认检测的必要性

1. 避免误诊

通过确认检测，可以排除初步检测中的假阳性结果，避免对牛进行不必要的隔离和治疗，减少经济损失。

2. 及时防控

确认牛结核病检测结果阳性，立即采取隔离及无害化处理，防止牛结核病在牛群中进一步传播。

3. 保障公共卫生

牛结核病不仅影响牛群健康，还可能对人类健康构成威胁。通过准确的检测，可以及时发现并处理感染牛，保障公共卫生安全。

二、阳性、可疑牛处置

(一) 隔离措施

一旦通过严格的检测程序确定牛为阳性或可疑时，必须立即采取果断隔离措施，通过物理隔离方式，有效阻断病牛通过空气、飞沫、接触等途径与健康牛之间的直接或间接接触，防止牛结核病交叉传播给其他健康牛群，从而有效控制牛结核病的扩散。

1. 隔离场所的选择

隔离场所应远离健康牛群，并确保环境整洁、通风良好。隔离栏应坚固耐用，能够有效地阻止病牛与健康牛之间的直接接触。

2. 隔离场所的消毒

定期对隔离场所进行彻底的消毒，防止交叉感染。消毒工作应涵盖所有可能接触牛结核病的区域和物品，如地面、围栏、水槽等。在消毒过程中，应使用符合国家标准的消毒剂，并按照说明书的要求进行配制和使用。

3. 确认检测

在隔离期间，定期对牛群进行进一步确认检测。在检测过程中，应严格遵循操作规程，确保检测结果的可靠性。

(二) 扑杀与无害化处理

对于确诊为阳性的牛，应采取扑杀措施，减少牛结核病传播的风险。无害化处理是防止病原体扩散的关键环节。扑杀后的牛进行无害化处理。通过物理或化学方法彻底消灭病原体，旨在确保病原体被彻底消灭，防止对环境造成污染。在扑杀和无害化处理过程中，应严格遵循《病死及病害动物无害化处理技术规范》等相关法律法规和操作规程。同时，应做好相关记录和报告，以便后续跟踪和监管。

三、病害畜产品的处置规程

在牛结核病防控体系中，病害畜产品的科学处置是确保食品安全和公共卫生安全的关键环节。有效地降低牛结核病通过食品传播给人类的风险，是保护公众健康的重要任务。

（一）处置原则

1. 立即标识与隔离

任何来自阳性或可疑牛的产品，包括肉、奶及其副产品立即进行标识，并隔离存放，以防止与其他合格产品混淆。标识应清晰、明确，包括产品的来源、处理建议等信息。

2. 无害化处理

病害畜产品必须经过无害化处理，以消除或杀灭其中的牛结核病病原体，降低传播风险。

3. 完善防控措施

在处理病害畜产品的过程中，应完善消毒等防控措施，确保处理环境、设备和人员的安全。

（二）管理者责任

1. 制定操作指南

管理者应制定详细的病害畜产品处置操作指南，明确各个环节的责任人和操作流程。操作指南应涵盖从产品标识、隔离、无害化处理到消毒等各个环节，确保每一步都有明确的指导和要求。

2. 培训与监督

管理者应定期对相关人员进行培训，提高他们的专业素养和操作技能。同时，应加强对病害畜产品处置过程的监督，确保各项措施得到有效执行。

3. 记录与报告

管理者应建立病害畜产品处置的记录制度，详细记录产品的来源、处理时间、处理方式、处理结果等信息。定期向相关部门报告病害畜产品的处置情况，以便及时发现问题并采取措施。

(三) 处置规程的科学性和有效性

处置规程的制定应基于科学原理和实践经验，确保其在降低牛结核病传播风险方面的有效性。执行应严格遵循操作指南，确保每一步都按照要求进行，以提高处置的准确性和可靠性。

(四) 保障食品安全和公共卫生安全

通过科学的处置规程和有效的防控措施，阻断牛结核病通过食品传播给人类的风险。保障食品安全和公共卫生安全是病害畜产品处置规程的最终目标，也是保护公众健康的重要措施。

第二节 不同阳性率牛场的防控方案

牛结核病不仅威胁着牛群的健康，还可以通过接触或者畜产品传播给人类，造成公共卫生安全风险。针对不同风险级别的牛场，制定一套科学、系统的牛结核病防控方案，对于保障畜牧业稳定发展和维护公共卫生安全具有重要意义。

一、风险评估与分级

(一) 实施风险评估

风险评估应涵盖牛场的地理位置、饲养环境、管理水平、牛群健康状况、疫情历史等多个方面。通过收集和分析相关数据，评估牛场发生牛结核病的风险级别。

(二) 风险分级管理

根据风险评估结果，将牛场分为低风险、中风险和高风险等不同级别。针对不同风险级别的牛场采取不同的防控措施，以实现精准防控。以期达到早期发现、快速响应、有效控制疫情的目的。

二、低阳性率牛场的防控策略

(一) 强化生物安全措施

持续优化牛场的生物安全管理，防止牛结核病的传播和暴发。实施严格的人员管理制度，所有进入牛场的人员必须经过消毒处理；对新引进的牛进行隔离观察和检测，确保无牛结核病病原携带后方可混群；加强对牛场周边环境的监控，防止野生物种携带病原进入牛场；定期对牛场设施进行消毒，保持环境清洁。

(二) 建立有效的监测与预警系统

低阳性率场应建立监测预警系统，及时发现并处理潜在的传染源。定期对牛群进行牛结核病检测，尤其是在春季和秋季，以及时发现潜在的感染牛。应用高敏感和高特异性的检测方法，确保诊断的准确性。监测数据应被用于评估牛场的潜在威胁，及时调整防控策略。

(三) 加强特定环节监控

对特定环节（如饲料、水源、人员流动等）进行密切监控，确保无牛结核病潜在风险。

三、高阳性率牛场的防控策略

在遵循中风险场防控方案的基础上，高风险场还须制定紧急应对措施和长期防控与净化计划。这些措施包括加强牛场的封锁管理、禁止无关人员和车辆进出、定期对牛群进行全面牛结核病筛查、及时隔离和处理确诊病例等。

(一) 迅速启动应急预案

一旦牛场评估为牛结核病高风险场（高阳性率），这标志着牛结核病已经处于较为严重的流行状态，应立即启动应急预案，确保所有相关人员能够迅速了解并执行预定的牛结核病应急预案，按照"早、快、严、小"的原则快速处置，保护牛群健康，维护公共卫生安全。该预案应详细规定从紧急检测、隔离、消毒、扑杀、无害化处理等各个环节的操作流程和时间要求，明确各级管理人员和员工的职责与任务。高风险场应积极与当地政府、兽医部门和相关机构进行沟通协调，及时汇报牛结核病流行情况和采取的必要措施，争取更多的支持和帮助。

(二) 封锁管理

为了控制牛结核病扩散和传播，牛场应加强生物安全管理，严格控制牛群的流动，防止牛结核病通过牛群的流动进行传播；禁止一切非必要的人员、车辆和物品进出牛场，以防止牛结核病进一步扩散；对于必须进出的车辆和人员，需要进行严格的消毒和防护措施。

(三) 监测与预警

1. 全面检测

实施主动监测，运用高敏感的检查方法进行全面检测，确保及时发现疑似牛和阳性牛。检测应覆盖牛场的所有牛群，包括20日龄以上的所有牛，对出现阳性牛的同群牛应重点检测。运用分子生物学方法，对牛场环境实施全面检测。

2. 提高检测频率

增加牛群检测频率，缩短检测周期，最短检测间隔 45 d，及时发现并处理新出现的阳性病例，防止牛结核病在牛群中持续传播。

（四）强化生物安全管理，建立隔离体系

应建立严格的隔离体系，将感染牛与健康牛群及时严格隔离，实行严格的分群饲养，减少病原体的交叉感染。其核心目标是阻止牛结核病在牛群内传播，并降低交叉感染的风险。隔离区应严格划分清洁区、潜在污染区和污染区，并采取严格的消毒措施，确保隔离效果。

（五）加强管理和消毒

消毒工作是切断传播途径、消除牛结核病的重要手段。为了彻底消杀牛结核病的生存环境，牛场须实施严格的消毒程序，选用高效低毒消毒剂，进行全面消毒，尤其是重点区域和关键环节深度消毒，防止其继续传播。

1. 加大消毒次数

消毒范围应覆盖牛场内外环境，包括但不限于牛舍、运动场、设备、运输工具等所有可能接触到牛结核病且受到污染的区域。

2. 消毒程序

应遵循先清后消的原则，即先彻底清除污物和排泄物，再使用高效消毒剂进行杀菌消毒，确保病原体得到有效清除，确保消毒工作的有效性和可持续性。

（六）扑杀与无害化处理规范

对阳性牛应立即扑杀并进行无害化处理，确保病害畜产品不流入市场，保障食品安全。应按照国家和地方的有关规定实施扑杀处理。在扑杀过程中，必须严格遵守操作规程，确保工作人员的人身安全，避免在扑杀过程中接触病原体。无害化处理是对扑杀后的动物尸体进行妥善处置的关键环节，目的是防止病原体扩散和环境污染。

（七）长期防控与净化策略规划

在牛结核病得到初步控制后，高风险场应执行长期的防控与净化策略规划。通过实施严格的生物安全措施，如加强牛购入管理、定期消毒、强化人员、车辆、物资等生物安全管理措施，降低再次感染的风险。针对养殖环境进行全面评估和改善，逐步恢复牛场的正常生产。

第四章 牛结核病检测质量控制

第一节 检测方法的选择

在牛结核病的防控工作中,准确、可靠的检测方法是至关重要的环节。不同的检测方法具有各自的特点和适用范围,需要选择敏感、特异、准确且操作性强的检测方法,正确选择合适的检测方法对于及时发现牛结核病、控制传播以及保障畜牧业的健康发展和公共卫生安全具有重大意义。

一、皮内变态反应试验

皮内变态反应为检测牛结核病国家标准规定的方法之一,也是国际贸易指定的诊断方法。此方法具有简单、成本较低的优点,具有一定的敏感性和特异性,适合基层动物疫病防控机构或者养殖场等条件有限的单位。

(一)优点

1. 操作简便

皮内变态反应试验不需要复杂的仪器设备,仅通过简单的注射和观察即可完成检测。这使该方法成为基层单位应用最为广泛的检测方法,为牧场结核病检测首选的方法。

2. 成本较低

试验所需的试剂,如提纯牛结核菌素,相对容易获得且成本较为低廉,减轻了基层单位牛群全面检测的经济负担,是结核病检测最为经济实用的方法。

3. 准确性较高

在大多数情况下,皮内变态反应试验能够准确地检测出感染牛。其敏感性和特异性在一定程度上能够满足牛结核病防控工作的需要,为及时采取措施提供了可靠依据。

(二) 缺点

该方法容易受到其他分枝杆菌的干扰，导致假阳性的结果，影响牛结核病疫情的准确判断。试验结果的准确性受到多种因素的影响，如皮内变态反应试验存在非特异性反应的问题，不同牛的免疫系统所处的状态可能存在差异，一些免疫抑制药物的影响、操作人员的检测技术水平与人为因素都会影响试验结果的准确性。

二、γ-干扰素释放试验

通过定量检测全血样本中释放的γ-干扰素水平，可以判断牛是否感染了牛结核病。这种方法具有高度的敏感性和特异性，是牛结核病早期检测和皮内变态反应试验确诊的重要检测方法。

(一) 优点

1. 高特异性

γ-干扰素释放试验具有较高的特异性，针对结核分枝杆菌特异性抗原的细胞免疫应答，可以排除其他分枝杆菌感染而产生的假阳性结果。

2. 结果稳定

该试验的检测结果相对稳定，受动物个体差异和环境因素影响较小，有助于牛结核病的准确诊断。

3. 快速检测

与传统的检测方法相比，γ-干扰素检测可以在较短时间内获得检测结果。这有助于及时识别和处理潜在的牛结核病病例，从而有效控制牛结核病的扩散，提高疾病防控的效率。

(二) 缺点

1. 对实验室条件和检测人员的检测技术水平要求较高

γ-干扰素释放试验需要在二级生物安全实验室操作和专业的实验室检测人员。检测设备和试剂的成本相对较高。

2. 样本要求严格

样本质量影响检测结果的准确性和可靠性。采集和处理样本要求严格，包括抗凝管的选择、采血量的要求、标本保存及转运的条件等。操作人员应具备较高的专业技能和严谨的工作态度，以确保样本的质量和检测的准确性。

3. 敏感性略低

虽然γ-干扰素释放试验具有较高的特异性，其敏感性可能略低于皮内变态反应试验。可能导致假阴性结果，造成漏检。

三、细菌学检测

细菌分离培养法是通过采集牛的痰液、乳汁、粪便等样本,利用特定的培养基和技术手段,将样本中的结核分枝杆菌分离出来并进行纯化培养。这种方法能够直接检测到结核分枝杆菌的存在,是牛结核病准确诊断的重要依据。

(一)优点

细菌学检测是诊断牛结核病的"金标准",具有最高的准确性。通过直接检测到结核分枝杆菌的存在,可以确诊牛是否感染牛结核病,避免了其他检测方法可能存在的假阳性或假阴性结果。

(二)缺点

1. 检测周期长

细菌分离培养法的检测周期较长,该方法在紧急情况下可能无法及时提供诊断结果,从而延误了牛结核病的防控。

2. 实验室条件要求高

细菌分离培养法对实验室条件要求较高,必须在生物安全三级以上实验室开展,需要具备专业的生物安全设施和技术人员,以确保实验的准确性和安全性。

3. 敏感性较低

尽管细菌分离培养法具有最高的准确性,但其敏感性相对较低,约有20%的阳性牛培养失败。

四、分子生物学检测

通过凝胶电泳、荧光检测、核酸探针杂交、数字 PCR 等方法进行可视化或定性检测,从而判断牛是否感染了牛结核病。

(一)优点

1. 检测速度快

分子生物学检测方法,特别是荧光 PCR、数字 PCR 检测技术,具有极高的检测效率。

2. 高特异性

通过设计特异性引物和探针,针对结核分枝杆菌进行检测,避免与其他微生物的交叉反应,确保检测结果的特异性。

3. 样本类型多样

分子生物学检测方法适用于多种类型的样本,包括血液、组织、粪便等。

这增加了检测的灵活性和便利性,可以根据实际情况选择最合适的样本类型进行检测。

(二)缺点

1. 成本较高

分子生物学检测方法需要专业的实验室设备和技术人员支持这些设备的购置和维护成本较高,且需要专业人员进行操作和维护。

2. 检出率相对低

样本的前期处理及牛结核杆菌的特殊性,会降低提取牛结核杆菌核酸的效果;PCR抑制降低灵敏度和扩增效率。

第二节 检测方法联合与优化

一、联合检测

为了提高牛结核病检测的敏感性和特异性,两种及两种以上检测方法的联合应用,包括牛结核病的串联检测和并联检测,适用于规模化牛场中牛结核病的检测、监测、控制及净化。

(一)并联检测

并联检测是指同时利用两种或多种检测方法对同群牛或者同一批样本进行检测。只要其中任何一种检测方法的结果为阳性,就可将最终结果判定为阳性;只有当全部检测方法的结果均为阴性时,才将结果判定为阴性。该方法可以提高灵敏度,降低特异度,并联检测能够检测出更多的阳性病例,从而降低漏诊率。

1. 并联检测的优势

(1)提高灵敏度。并联检测采用了多种检测方法,能够增加检测到阳性牛的机会,提高检出比例,从而降低漏诊率。这对于牛结核病的早期发现和防控具有重要意义。

(2)降低成本。在资源有限的情况下,通过并联检测可以减少重复检测的次数,这对于规模化牛场来说尤为重要,因为大量的检测工作会消耗大量的资源和时间。

(3)快速筛查。并联检测能够快速地提供检测结果,这对于疫情暴发初期的紧急排查非常有用。它可以帮助兽医和养殖人员迅速了解牛群的健康状况，从而及时采取防控措施。

2. 并联检测的应用场景

(1) 引进牛群的检测在引进牛群前进行快速检测，可以确保引进牛群不会将牛结核病带入牛群，从而保护整个牛群的健康。

(2) 牛结核病暴发初期通过并联检测可以快速检测出感染牛，为后续的防控工作提供有力支持。

(3) 定期检测，在规模化牛场中定期进行并联检测可以及时发现潜在的感染病例，从而防止牛结核病的传播。

3. 并联检测的注意事项

(1) 选择合适的检测方法。在选择并联检测的方法时，应考虑方法的灵敏度、特异性和可操作性等因素。选择灵敏度较高的方法作为并联检测的一部分，以减少漏诊率。同时，还应结合牛场的实际情况和检测需求进行选择。

(2) 规范操作。无论采用哪种检测方法，都应严格按照操作规程进行，以确保检测结果的准确性和可靠性。

(3) 在并联检测中，如果某个方法的结果为阳性，而其他方法均为阴性，应进一步分析原因并进行复查。

(二) **串联检测**

串联检测是指依次利用两种或多种诊断试验对同一群牛或者同一批样本进行检测。只有当全部试验结果均为阳性时，才将最终结果判断为阳性；任何一个试验结果为阴性，就可将最终结果判定为阴性。串联检测确实能够提高检测的特异度，减少假阳性病例的出现，从而提高检测的准确性。

1. 串联检测的优势

(1) 提高特异度。由于串联检测采用了多种诊断试验，且只有当所有试验均为阳性时才判定为阳性，因此能减少假阳性病例的出现。

(2) 提高诊断准确性。串联检测通过多次验证，能够增加诊断的准确性。在需要高度准确性的情况下，如牛群净化过程中，串联检测可以作为确诊的依据，为制定有效的防控措施提供可靠依据。

2. 串联检测的劣势

(1) 降低灵敏度。由于串联检测要求所有试验均为阳性才判定为阳性，因此可能会漏掉一些真阳性病例，即降低了检测的灵敏度。这可能会导致一些早期或轻微感染的牛被漏诊。

(2) 成本相对较高。串联检测需要更多的检测步骤和试剂，因此成本相对较高。这对于资源有限的牛场来说可能是一个负担。

3. 串联检测的应用场景

(1) 牛结核病确诊阶段。在牛结核病的确诊阶段，串联检测可以作为确诊的依据，提高诊断的准确性。这对于制定有效的治疗和防控措施至关重要。

(2) 制定防控措施。在需要高度准确性以制定防控措施的情况下，如牛群净化过程中，串联检测可以提供可靠的诊断结果，为制定有效的防控措施提供科学依据。

4. 串联检测的注意事项

(1) 选择合适的诊断试验。在选择串联检测的诊断试验时，应考虑试验的灵敏度、特异性和可操作性等因素。选择特异性较高的方法作为串联检测的一部分，以提高确诊的准确性。同时，还应结合牛场的实际情况和检测需求进行选择。

(2) 规范操作。无论采用哪种诊断试验，都应严格按照操作规程进行，以确保检测结果的准确性和可靠性。

二、检测方法的优化

(一) 样品采集和处理的优化

样品采集和处理的优化是提高牛结核病检测准确性和效率的重要手段。通过选择合适的采样部位和方法、确保样品的代表性、选择合适的处理方法和注意操作细节等措施，可以显著提高检测的质量和效率。

1. 样品采集

在采集样品时，应选择合适的部位和方法，以确保样品的代表性和质量。如在采集血液样品时，应选择静脉采血，避免采集到被污染的血液；在采集粪便样品时，应选择新鲜的粪便，避免采集到被污染的粪便。

2. 样品处理

在处理样品时，应选择合适的方法，以确保样品中的病原体能够被有效地检测出来。如在处理血液样品时，应进行离心处理，分离出血清；在处理粪便样品时，应进行稀释和离心处理，分离出病原体。

3. 综合优化

在进行样品采集和处理时，应结合具体的检测方法、检测目标和检测要求来选择合适的方法和步骤，不断完善和优化采样和处理流程。

(二) 检测试剂和设备的优化

1. 检测试剂

(1) 在选择检测试剂时，应选择质量可靠、敏感性高、特异性强的试剂。

高质量的试剂能够确保检测结果的准确性，而高敏感性和强特异性则能降低假阳性和假阴性结果的概率。优先选择经过严格验证和认证的商业化试剂，这些试剂通常具有较高的质量保障。根据检测目标和样本类型选择合适的试剂，确保试剂与检测方法相匹配。

（2）检测试剂应按照说明书的要求进行妥善保存，如某些试剂需要冷藏或避光保存。同时，应建立试剂管理制度，定期检查试剂的保质期和储存条件，确保试剂的有效性。

（3）在使用试剂时，应严格按照说明书的要求进行操作，包括试剂的用量、混合比例、反应时间等。避免随意更改操作步骤或条件，以免影响检测结果的准确性。

2. 检测设备

在选择检测设备时，应选择性能稳定、操作简单、检测速度快的设备。优先选择经过市场验证和用户认可的知名品牌设备，这些设备通常具有较高的性能保障。根据检测需求和样本类型选择合适的设备型号和规格，确保设备能够满足检测要求。考虑设备的自动化程度和智能化水平，以提高检测效率和准确性。

定期对设备进行清洁和保养，应建立设备使用记录和维护档案，记录设备的运行状态和维护情况。对于需要精确测量的设备，应定期进行校准和验证，以确保其测量结果的准确性和可靠性。

（三）检测流程和操作规范的优化

1. 检测流程

在设计检测流程时，应考虑到检测的敏感性、特异性和效率。如在进行皮内变态反应试验时，应严格按照操作规程进行，避免操作不当导致假阳性结果；在进行分子生物学检测时，应注意防止污染，避免假阳性结果。

2. 操作规范

在进行检测时，应严格遵守操作规范，确保检测结果的准确性和可靠性。例如，在进行细菌学检测时，应严格遵守无菌操作规范，避免样品被污染；在进行血清学检测时，应严格遵守试剂的使用方法和操作规程，避免操作不当导致假阳性结果。

第三节　实验室风险管理

一、风险识别

实验室在牛结核病检测过程中可能面临的风险主要包括生物安全风险、检测结果不准确风险等。

(一) 生物安全风险

1. 病原体泄露

牛结核病病原体具有较强的传染性。在实验室操作过程中，若样本处理不当、防护措施不到位或实验设备管理不当，可能导致病原体暴露，进而对实验室工作人员及周围环境造成威胁。

2. 人员感染

实验室人员在接触牛结核病的样本时，若未严格遵守操作规程，如未佩戴合适的防护装备、未进行手部消毒等，可能会感染牛结核分枝杆菌，从而危害身体健康。

(二) 检测结果不准确风险

1. 样本质量问题

在样本的采集、保存和运输过程中，如果操作不规范，如使用不合适的采集工具、保存条件不当或运输时间过长等，可能导致样本被污染、变质或失去代表性，从而影响检测结果的准确性。

2. 检测方法选择不当

不同的检测方法有其特定的适用范围和优缺点。若选择不恰当的检测方法，如灵敏度不足或特异性不高，可能导致检测结果不准确，无法真实反映样本中病原体的存在情况。

3. 试剂和设备问题

试剂的质量、有效期以及设备的准确性和稳定性等因素，都可能影响检测结果的准确性。如使用过期或质量不合格的试剂、设备故障或校准不准确等，都可能导致检测结果出现偏差。

4. 操作误差

实验室人员在操作过程中的失误，如加样量不准确、操作时间控制不当等，可能导致检测结果不准确。

二、风险评估

在识别出潜在风险后,需要对这些风险进行评估,以确定其可能性和影响程度。

(一) 风险发生的可能性评估

1. 历史数据分析

通过对实验室过去发生的风险事件进行统计分析,了解各种风险发生的频率,以此评估当前风险发生的可能性。

2. 专家评估

邀请相关领域的专家,根据他们的经验和专业知识,对实验室面临的各种风险进行评估。

3. 确定风险等级

根据风险可能性和影响程度,将风险划分为不同的等级,以便采取相应的风险控制措施。

(二) 风险影响程度评估

1. 对检测结果的影响

评估风险事件对检测结果准确性和可靠性的影响程度。如果结果严重错误,可能会对牛结核病的防控决策产生重大影响。

2. 对人员健康的影响

考虑风险事件对实验室工作人员健康安全的影响程度。生物安全风险可能导致人员感染,威胁身体健康。

3. 对实验室声誉的影响

风险事件还可能对实验室的声誉产生影响。不准确的检测结果可能导致实验室声誉受损。

三、风险控制

针对识别出的风险,需要制定并实施相应的风险控制措施,以降低风险发生的可能性和影响程度。

(一) 加强实验室生物安全管理

1. 实验室应建立完善的生物安全防护体系

包括设置生物安全柜、配备合适的人员防护装备(如手套、口罩、护目镜等)、定期进行实验室消毒等。

2. 建立严格的生物安全管理制度

制定详细的操作规程,包括样本处理、人员防护、废弃物处理等方面操作规程与管理制度。

3. 严格废弃物处理

对实验室产生的废弃物进行分类收集和规范处理,确保实验室生物安全。

4. 加强人员培训

对实验室工作人员进行专业的生物安全培训,提高他们的安全意识和操作技能。了解并掌握生物安全操作规程和应急处置方法。

(二) 规范样本采集、保存和运输

(1) 制定详细的样本采集、保存和运输操作规程,明确各个环节的操作要求和注意事项。

(2) 使用合适的采集工具和保存容器,确保样本在采集、保存和运输过程中不受污染或变质。

(3) 对样本进行严格的标识和记录,以便追踪和溯源。

(三) 选择合适的检测方法

(1) 根据样本类型和检测目的,选择合适的检测方法。在选择检测方法时,应充分考虑其灵敏度、特异性、准确性、可操作性及成本等因素。

(2) 对检测方法进行验证和优化,确保其能够满足检测要求并得出准确的结果。

(四) 确保试剂和设备质量

选择质量可靠、有效期内的试剂和设备进行检测;定期对试剂和设备进行校准和维护,确保其准确性和稳定性;建立试剂和设备的采购、验收、使用和报废管理制度,确保试剂和设备的质量可控。

四、风险监督与持续改进

在风险控制措施实施后,需要对这些措施的有效性进行监督和评估。

(一) 定期检查和评估

定期对实验室的生物安全防护、样本采集、保存和运输、检测方法选择以及试剂和设备质量等方面进行监测和评估,确保各项措施得到有效执行。

(二) 监测风险变化

密切关注实验室内部和外部环境的变化,以及新的科学研究和技术进展,及时发现并应对新的风险。

(三) 持续改进和优化

根据监督和评估结果,对风险控制措施进行持续改进和优化,以提高实验室的风险管理水平。及时对风险管理措施进行调整和改进。不断完善实验室管理制度、提高人员素质、更新设备和技术,以降低风险发生的可能性和影响程度。

第三篇

牛结核病微滴数字PCR检测技术

第一章 数字PCR技术

第一节 数字PCR技术原理

数字PCR（dPCR）技术是继普通PCR法和荧光定量PCR（qPCR）法之后的第三代PCR方法，可对待测样品中的靶标基因进行绝对定量。其原理是将含有靶分子的PCR反应体系分割成大量微小的反应单元，每个单元中包含零个、1个或多个靶分子，对每个反应单元分别进行PCR扩增，扩增结束后对各个反应单元的荧光信号进行分析，根据正分区（包含靶序列的分区）与负分区（不含靶序列的分区）的数量，采用泊松分布校正，获取待测样品靶标基因的绝对初始量值（图1）。dPCR法的检测过程主要分为3步：体系分散、PCR扩增和信号检测分析。

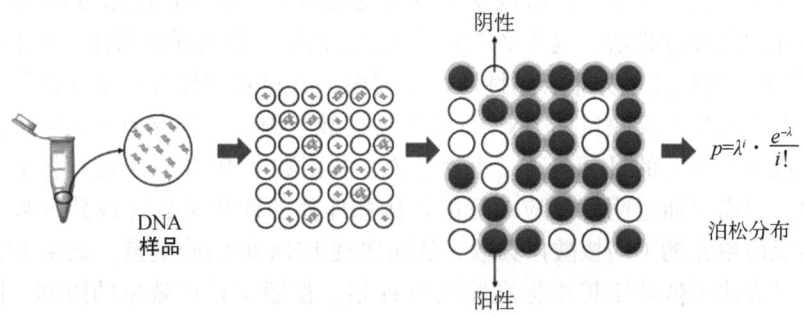

图1 数字PCR的原理

数字PCR定量计数的方法相较于传统qPCR的定量方法更为简单，无须建立标准曲线和计算反应的扩增效率等繁琐步骤，而是通过直接计数的方式得出检测结果。在进行PCR扩增反应后，将有荧光信号（阳性）的标记"1"，没有荧光信号（阴性）的标记"0"，以此进行信号的统计计算。但在理想条件下，一个反应单元最多含有一个目标物，而实际操作中数字 PCR 有阳性信号的反应单元可能不止一个目标物，所以根据阳性信号数量进行统计计算时，所得的最终结果不是真实的目标 DNA 分子拷贝数存在着一定的可能性，因此需要通过泊松分布概率公式对反应的结果进行校正计算。

通常有两种解释来理解数字 PCR 的数学原理：一种是认为数字 PCR 是"大规模平行荧光 PCR 扩增"，即分散成大量的、独立反应的定量 PCR 反应，可以实现单分子意义上的绝对定量检测；另一种是将数字 PCR 采用的工作策略理解为"分而治之"，即对每个模板分子分别进行"单分子模板 PCR 扩增"。事实上两种理解方式一致，数字 PCR 工作流程包含 4 个主要环节，即样本 DNA/RNA 的 PCR/RT-PCR 反应预混、反应预混液的分散或分区、PCR 扩增、荧光信号的采集与数据分析。即将样本 DNA 分散至数万个或更多的反应单元，使每个反应单元中包含或者不包含 1 个或多个拷贝的目标分子（DNA 模板），进而对所有独立的反应单元进行平行扩增，扩增结束后读取各个反应单元的阴性或阳性荧光信号并进行统计学分析，就可以计算出原始样本的模板拷贝数。

数字 PCR 一般需要将样本分散至成千上万个等体积的反应单元当中，然后在最佳的 PCR 反应条件下对大量反应单元中的 DNA 进行 PCR 扩增，最后采用终点定量的方法进行数据分析，也就是在扩增结束后对每个反应单元释放的荧光信号强度进行逐个检测分析。含有目标 DNA 分子的反应单元扩增后，荧光信号强度达到一定水平，将该反应单元视为阳性；不含有目标 DNA 分子的反应单元即使经过扩增，也几乎检测不到荧光信号，将其视为阴性。由于目标 DNA 分子以随机几率分布于阳性反应单元中，直接对阳性反应单元进行计数统计，并不能真实反映目标 DNA 分子的拷贝数，因为每个反应单元中可能含有两个或两个以上的目标分子。也就是说，利用数字 PCR 方法进行核酸绝对定量时，只需要通过阴性反应单元的比例和样品的稀释系数（或分区数），即可确定反应单元的平均核酸拷贝数，从而实现 DNA 的精确定量。数字 PCR 技术的定量方法不依赖于扩增标准曲线的 ct 值，摆脱了扩增效率的限制，同时不依赖于标准品和标准曲线就可以进行精确的绝对定量检测，具有很好的准确性和重复性，可实现绝对定量分析。

第二节 数字 PCR 技术优势

数字 PCR 技术具有灵敏度高、绝对定量与准确性高、重复性好、抗干扰能力强、应用广泛和多色荧光检测能力等优势。这些优势使数字 PCR 在基因组学、临床诊断、环境监测等领域具有广阔的应用前景。

一、灵敏度高

数字 PCR 技术能够检测到极低浓度的 DNA 分子，可实现单分子级检测。ddPCR（微滴数字 PCR）本质上将一个传统的 PCR 反应变成了数万个 PCR 反应，在这数万个反应单元中分别独立检测目的序列，从而大大提高了检测的灵敏度。数字 PCR 在检测稀有样本或低浓度目标时具有显著优势，在低拷贝浓度（小于 200 个拷贝）DNA 的检测中尤为明显。由于数字 PCR 对反应体系的分割，可降低背景信号的影响，同时增加低浓度靶标的信噪比，使得其可实现更高的检测灵敏度。

二、绝对定量且准确性高

传统 PCR 技术是将目的基因通过 PCR 扩增循环，一个 DNA 分子模板复制成成千上万的子代双螺旋，然后用凝胶电泳进行检测。但是，凝胶电泳检测只能对扩增产物的分子大小进行判断，而无法推断出起始样品中 DNA 的含量，因此无法进行定量分析。实时荧光定量 PCR 可以进行绝对定量和相对定量，其中绝对定量是用一系列已知浓度的标准品制作标准曲线，在相同的条件下将目的基因测得的荧光信号量与标准曲线进行比较，从而得到目的基因的具体含量。

数字 PCR 是基于传统 PCR、实时荧光定量 PCR 基础上发展起来的第 3 代 PCR 技术，不需要标准品，也不需要制作标准曲线，避免了因标准曲线制作不当或仪器误差等因素导致的定量结果偏差。通过将样本分割成大量的独立反应单元，对每个单元进行 PCR 扩增，根据扩增结果统计出 DNA 分子的数量，无须依赖于 ct 值和标准曲线就可以进行精确的绝对定量检测。

三、重复性好

数字 PCR 技术具有极佳的重复性，这得益于其微反应单元的相互独立和封闭性。每个微反应单元都是一个独立的 PCR 反应体系，避免了不同核酸分子扩增产物间的相互干扰，从而提高了检测的准确性和可重复性。FAM、HEX 和 Cy5 通道浓度平均值和 CV 值的数据表明，在所述的实验条件下，3 种测试浓度之间没有统计学差异（$P>0.05$）。

四、高重复性，消除扩增效率偏差影响

由于对检测模板的稀释和分割，数字 PCR 具有更强的抗干扰性，数字 PCR 技术对 PCR 抑制剂的耐受力较强，能够在存在抑制剂的情况下，仍能保持较高的灵敏度和准确性。数字 PCR 能有效弥补 qPCR、GeneXpertMTB/RIF 在临床确诊结核病检测方面的不足。检测成分复杂的样本时，数字 PCR 具有显著优势，能更广泛应用于痰液、粪便等复杂临床样本的检测中。

五、应用广泛

数字 PCR 技术在多个领域都有广泛的应用。例如，在病原微生物检测中，数字 PCR 可以提供早期、快速、准确的诊断结果；在肿瘤液态活检中，数字 PCR 可以检测到微量的肿瘤相关 DNA；在遗传生殖检测中，数字 PCR 可以用于无创产前诊断等。

六、多色荧光检测能力

数字 PCR 技术还具备多色荧光检测能力，可以同时检测多种病原微生物或进行基因分型。这一特点使得数字 PCR 在多重核酸检测中具有显著优势。

七、早期检测

基于数字 PCR 在低浓度靶标分子检测中的优势，在病原微生物领域，数字 PCR 能够更早期发现潜伏感染者以及病原体载量较低的病原体。

第三节　数字 PCR 技术在动物疫病防控中的应用

近年来，数字 PCR 技术已广泛应用于生命科学领域，因其具有高灵敏度优势，在动物疫病病原检测领域得到广泛应用，如多种病毒、细菌、真菌、寄生虫等病原体检测。

一、在病毒性动物疫病检测中的应用

核酸类检测方法是目前病毒性动物疫病诊断的主要方法,当检测含有较多量病毒的唾液、血液、组织等样品时,实时荧光定量 PCR 和等温扩增等核酸检测技术能够胜任,但是在检测饲料、食品、环境中微量的病毒时,这些方法的敏感性存在一定的局限性。数字 PCR 技术具有高灵敏度、高特异性和绝对定量的优势,能够直接检测目标病毒的绝对拷贝数,为病毒载量的精确测定提供有力支持。这有助于病毒性疫病的早期诊断、流行病学调查、病原分型鉴定和类症鉴别等,具有重要意义。

二、在细菌性动物疫病检测中的应用

日益严重的细菌耐药性问题对细菌性动物疫病诊断和科学防治用药提出了更高要求。数字 PCR 能够精确识别并扩增目标细菌的 DNA 序列,避免了非特异性扩增的干扰。数字 PCR 技术具有高度的敏感性,可实现低浓度的核酸样品的绝对定量。此外,数字 PCR 对 PCR 干扰物(如污水、土壤、粪便等)的耐受度更高,为动物及养殖环境病原菌检测提供了便利。特别在检测浓度低、培养难度大的病原菌方面,数字 PCR 具有巨大的应用价值,对防控细菌性动物疫病、提供科学精准的治疗方案具有积极意义。

三、在寄生虫病检测中的应用

寄生虫感染已成为全球疾病负担的主要原因之一,也是发展中国家面临的主要公共卫生问题。近年来,关于寄生虫病数字 PCR 诊断方法的研究较多。相较于寄生虫的传统检测方法,如显微镜观察法和血清学检测方法,dPCR 检测方法具有更高的敏感性、便捷性和特异性,对感染早期的寄生虫病诊断具有明显优势;还可对宿主多种样品(如血液、痰液、尿液、粪便等)进行微量寄生虫 DNA 检测,大大提高了检测效率。特别在对寄生虫形态学相近的种属鉴定中,dPCR 具有先天优势,可一步完成病原的分子生物学检测和鉴别。

第二章 牛结核病数字 PCR 检测技术

第一节 牛结核病数字 PCR 检测方法建立

通过大量的序列比对和分析，获得可能区分牛结核病病原核酸 PCR 的靶基因，并根据这些候选基因设计多重 PCR 引物和探针，通过大量烦杂的组合优化，最终建立牛结核病数字 PCR 检测方法。该方法旨在提高牛结核病早期感染的检测效率，为快速、准确地定性和定量检测提供量化标准和参考，为防控危害公共卫生安全的致病菌提供新的技术手段和借鉴。

一、分枝杆菌检测靶标的选择

经资料查询可知，针对结核分枝杆菌复合群的常用检测靶标有 IS6110、IS1081、MBP70、gvrB、proB 等。从 NCBI 数据库中检索和下载结核分枝杆菌复核群成员，采用序列分析软件对结核分枝杆菌复核群成员，在结核分枝杆菌复合群成员基因组中插入序列 IS6110 和 IS1081 的拷贝数最高，IS6110 拷贝数在 1~25 个，IS1081 拷贝数在 1~6 个。因此，选择 IS6110 和 IS1081 序列作为检测靶点，可提高检测的灵敏度与特异性。动物结核检测现行标准见表 15。

表 15 动物结核检测现行标准

编号	标准名称	标准号
1	乳及乳制品中结核分枝杆菌检测方法 荧光定量 PCR 法	SN/T 2101—2008
2	结核病病原菌实时荧光 PCR 检测方法	GB/T 27639—2011
3	出口乳及乳制品中结核分枝杆菌检测方法 荧光定量 PCR 法	SN/T 2101—2016
4	国境口岸环介导恒温扩增（LAMP）检测方法	SN/T 3306.9—2017
5	牛场气溶胶结核分枝杆菌复合群荧光定量 PCR 检测技术规程	DB37/T 3624—2019

(续表)

编号	标准名称	标准号
6	动物结核病诊断技术	GB/T 18645—2020
7	规模化牛场牛结核病检测方法联用指南	T/CVMA89—2021

二、引物探针的设计与确定

（一）引物探针的设计

应用引物设计软件，综合考虑核苷酸序列 GC 含量和引物 Tm 值，针对插入序列 IS6110 和 IS1081，设计多个特异性引物和探针，扩增产物大小均在 74~200 bp，探针的分别采用荧光染料 FAM 和 HEX 标记。选择牛内源基因 β-actin 作为内标，该基因与牛分枝杆菌基因无同源性，内标探针选择的是与靶基因探针没有冲突的另一检测通道（CY5）。

（二）引物探针的筛选

特异性引物和探针筛选的体系和程序如下：首先用通用的数字 PCR 扩增体系和反应条件初筛，然后采用不同的酶和仪器进行测试，筛选出合适的引物和探针后，再进行优化。具体的 PCR 扩增体系反应程序为：95℃变性 5 min；95℃变性 15 s，58℃退火延伸 30 s，循环 45 次；程序结束后，收集荧光信号。

引物探针组合筛选样品为牛分枝杆菌模板 DNA。通过阴性和阳性微滴的荧光信号强度分离程度和拷贝数浓度进行比较，选择分离度高、拷贝数浓度高的引物探针组合作为后续试验验证的候选引物探针。采用通用的数字 PCR 扩增体系和反应条件进行 PCR 扩增，对引物探针组合进行特异性初步筛选。根据结果选择荧光信号强度分离程度高、拷贝数浓度高的引物探针组合作为建立检测方法的候选引物探针组合。

（三）引物探针的确定

根据测试结果，确定牛结核病数字 PCR 方法使用的引物探针序列如表 16 所示。

表 16 引物和探针序列

基因名称	引物/探针名称	序列（5'-3'）	片段大小 bp
IS6110	IS6110-F	AGTGCATTGTCATAGGAG	
	IS6110-R	GGATCTCAGTACACATCG	98
	IS6110-P	FAM-CGACGGTTGGATGCCTGCCTC-BHQ1	

(续表)

基因名称	引物/探针名称	序列（5'-3'）	片段大小 bp
IS1081	IS1081-F	CTACCTGCTGGGAGTATC	73
	IS1081-R	CTTGGAAAGCTTTGTCAC	
	IS1081-P	HEX-CGCCTGGTCGAAACACTTGG-BHQ1	
β-actin	β-actin-F	CCTCGCTGTCCACCTTC	97
	β-actin-R	CAGTCCGCCTAGAAGCA	
	β-actin-P	Cy5-TACTCCTGCTTGCTGATCCACATC-BHQ3	

三、PCR 扩增反应条件的优化与确定

（一）引物探针浓度的优化

以常规数字 PCR 反应程序进行 PCR 扩增，调整牛结核病数字 PCR 反应体系，分别设置特异性插入序列 IS6110、IS1081 和牛内源 β-actin 基因引物终浓度为 0.4 μmol/L、0.6 μmol/L、0.8 μmol/L、1.0 μmol/L、1.2 μmol/L 5 种引物浓度梯度，探针浓度均为引物浓度的一半，根据阴性和阳性微滴的荧光信号强度分离程度、拷贝数浓度等，确定引物和探针的浓度。

结合定量结果重复性、成本因素，最终确定了数字 PCR 体系的引物探针浓度，插入序列 IS6110 引物和探针浓度分别为 0.8 μmol/L 和 0.4 μmol/L，插入序列 IS1081 引物和探针浓度分别为 1.0 μmol/L 和 0.5 μmol/L，牛内源 β-actin 基因引物和探针浓度分别为 0.6 μmol/L 和 0.3 μmol/L。

（二）PCR 扩增反应条件的确定

经优化确定了牛结核病数字 PCR 方法的扩增体系，插入序列 IS6110 引物和探针浓度分别为 0.6 μmol/L 和 0.3 μmol/L，插入序列 IS1081 引物和探针浓度分别为 1.0 μmol/L 和 0.5 μmol/L，牛内源 β-actin 基因引物和探针浓度分别为 0.6 μmol/L 和 0.3 μmol/L。

反应程序为：95℃变性 5 min；95℃变性 15 s，58℃退火延伸 30 s，循环 45 次；程序结束后，收集荧光信号。

第二节 牛结核病数字 PCR 检测操作技术

一、原理

牛结核病数字 PCR 检测方法是采用经典的 TaqMan 探针技术。根据结核分枝杆菌复核菌群的保守序列 IS6110 和 IS1081 分别设计一对特异性引物及一条特异性荧光标记探针,将一定浓度的引物、探针与模板 DNA 及数字 PCR 反应液混合,配成三重数字 PCR 反应体系。将该三重数字 PCR 体系分布到 10 000~20 000 个微滴中,使大部分微滴中模板 DNA 分子的数量为 1 或 0,然后进行 PCR 扩增。利用数字 PCR 系统的三通道检测,可同时对 3 个基因的荧光信号进行采集分析。根据 IS6110 和 IS1081 所对应的阳性微滴的有无判定样品中是否含有牛结核病,牛内源基因作为对试剂、DNA 质量以及操作本身的质控。

二、仪器和设备

(1) 数字 PCR 仪。
(2) 高速台式冷冻离心机(离心力 12 000 g)和普通台式离心机。
(3) 生物安全柜。
(4) 核酸自动化提取仪。
(5) 不同量程移液器:100~1 000 μL、20~200 μL、10~100 μL、0.5~10 μL。

三、材料与试剂

(1) 分析纯试剂和符合 GB/T 6682 规定的一级水。
(2) dPCR 反应配套试剂。
(3) 阳性对照:牛分枝杆菌、结核分枝杆菌参照菌株 DNA,或含目的片段的 DNA 亦可。
(4) 离心管:50 mL、10 mL、5 mL、2 mL、1.5 mL 和 0.2 mL。

四、数字 PCR 操作方法

(一) 样品前处理

1. 血液、细菌培养物（菌液）前处理

（1）全血样品取 1~2 mL，15 000×g 离心 10 min，弃上清；加等体积灭菌双蒸水充分振荡，15 000×g 离心 10 min；弃上清，若红血球裂解不完全，须采用灭菌双蒸水重复洗涤；收集沉淀物，继续进行核酸提取，或置-2℃储存备用。

（2）血清、菌液样品取 1~2 mL，15 000×g 离心 10 min，弃上清，加 1 mL 0.01 mol/L pH 值 7.6 PBS 充分振荡混匀，15 000×g 离心 10 min；弃上清，收集沉淀物，继续进行核酸提取，或置-20℃储存备用。

2. 奶样前处理

取 10mL 奶液，加 100 μL TritonX-100，振荡混匀，2 500×g 离心 20 min；弃上清，取沉淀，加 1 mL 0.01 mol/L pH 值 7.6 PBS，充分振荡混匀；将沉淀悬浮液移入微量离心管，15 000×g 离心 10 min；弃上清，收集沉淀物，继续进行核酸提取，或置-20℃储存备用。

3. 组织器官前处理

取适量组织样品（剔除脂肪、被膜），剪碎，按 1∶5 的比例加入柠檬酸钠-磷酸缓冲液（例如：1g 组织样品，加入 5mL 缓冲液），充分研磨；加等量 4%氧化钠溶液，继续研磨 5~10 min，使组织液化；移入离心管，充分振荡，75℃温浴 0.5~1 h；取上清（避免吸取粗渣），15 000×g 离心 10 min；弃上清加等量 0.01 mol/L pH 值 7.6 PBS，振荡混匀，使沉淀充分悬浮，15 000×g 离心 10 min，弃上清，重复本步骤 1 次；收集沉淀物，继续进行核酸提取，或置-20℃储存备用。

4. 粪样前处理

取粪样 1~2 g，按 1∶5 的比例加入 4%硫酸溶液（例如 1 g 粪样，加 5 mL 液体）充分振荡混匀，室温静置 0.5~1 h；取上层约 3 mL 液体（避免吸取粗渣），5 000×g 离心 1 min，取上清，15 000×g 离心 10 min；弃上清，加等量 0.01 mol/L pH 值 7.6 PBS，振荡混匀，使沉淀充分悬浮，15 000×g 离心 10 min，弃上清，重复本步骤 1 次；收集沉淀物，继续进行核酸提取，或置-20℃储存备用。

(二) 核酸提取

在上述已完成前处理的样品（沉淀物）中加入 50~100 μL DNA 提取液，

充分振荡混匀，56℃温浴 30 min，98~100℃加热 10 min，瞬时离心使液滴聚集管底，加等体积三氯甲烷，振荡混匀，12 000×g 离心 5 min，取上清，直接用于 PCR 或贮存于-80℃备用（适用于除粪样外的其他样品）。其中粪样样品还须进行以下步骤：加入等体积异丙醇（-20℃预冷），颠倒混匀，放置 5~10 min；4℃，15 000×g 离心 10 min，弃上清，加 3 倍体积 70%乙醇（4℃预冷），振荡洗涤；4℃，15 000×g 离心 10 min，弃上清，室温干燥 5 min；加入 50 μL 无 DNA 酶、无 RNA 酶水，混匀、溶解核酸，直接用于 PCR 或储存于-80℃备用。

可采用经验证的商品化核酸提取试剂盒。

（三）数字 PCR 扩增方法

1. 对照设置

阳性对照：牛分枝杆菌、结核分枝杆菌参照菌株 DNA，或含目的片段的 DNA 亦可。

空白对照：在扩增反应阶段设置。以灭菌双蒸水作为模板设置空白对照。

2. 数字 PCR 反应体系

按照试剂盒说明书配制反应体系。

3. 微滴生成和 PCR 扩增

取 5 μL 配制好的 dPCR 反应混合液，加入芯片中。将芯片放置于微滴生成和扩增仪中。按照表 17 参数进行 PCR 扩增。

表 17 数字 PCR 反应程序

步骤		温度	时间	循环数
1	生成微滴	Partitionat 25℃，"RubyV1"	1	
2	预变性	95℃	5 min	1
3	变性	95℃	15 s	45
4	退火/延伸	58℃	30 s	
5	释压	ReleaseP，"RubyV1"		1

4. 荧光信号读取

扩增反应结束后，将芯片放入 dPCR 检测仪中对每个微滴进行荧光检测，采用 FAM、HEX 和 Cy5 通道读取荧光信号。

五、结果分析与表述

(一) 阈值的设定

根据空白对照的终点荧光值设定阈值限,值限应对空白和阳性扩增结果进行明确的区分。

(二) 质量控制

(1) 体系分隔产生的有效微滴的总数量满足所用 dPCR 仪器型号要求。

(2) 空白对照无荧光信号检出。

(3) 阳性对照有荧光信号检出且阴性微滴簇与阳性微滴簇能够截然分开。

(4) 以上质控条件有一项不符合者,试验结果视为无效,查找原因后再次进行 dPCR 检测。

(三) 结果表述

(1) 待检样品所有微滴 *IS6110* 基因及 *IS1081* 基因对应的荧光信号均低于阈值限,待测样品中不含有牛结核病病原,检测结果表述为"未检出牛结核病病原"。

(2) 待检样品所有微滴 *IS6110* 基因或 *IS1081* 基因任意一个有荧光信号高于阈值限的阳性微滴,且阴性微滴簇与阳性微滴簇能够截然分开,检测结果表述为"检出牛结核病病原"。

六、防污染措施

检测过程中防止交叉污染的措施按照 GB/T 27403—2008 中附录 D 的规定执行。

第三章 基于数字 PCR 牛结核病的防控净化技术方案

第一节 方案制定的原则与依据

牛结核病的防控是一项系统工作,涉及牛场生物安全管理的方方面面。牛场结核病防控方案的制定,应当全面考虑牛场周围环境、牛场圈舍布局、生物安全管理水平、饲养管理、饲养模式、周围易感动物分布等因素。应重点关注场区与主干道距离,奶罐、饲料仓库、粪污堆积场所等在场区位置,病死牛无害化处理的方式与处理点位置,人员驻场情况,牛(精液/胚胎等遗传物质)引进情况,引入牛、淘汰牛运输车辆是否进入生产区,收奶车路线,场区是否有防鼠、防犬猫及野生动物的物理隔离设施,结核病检测可疑牛隔离情况,进行风险分析,制定针对性的结核病防控措施。

一、防控方案制定的依据

制定牛结核病防控方案政策依据,《牛结核病防控技术规范》《国家奶牛结核病防治指导意见(2017—2020年)》《全国畜间人兽共患病防治规划(2022—2030年)》《动物疫病净化场评估管理指南(2023版)》《动物疫病净化场评估技术规范(2023版)》《无规定动物疫病小区和无规定动物疫病区评估工作实施方案》及牛场所在地省、市、县牛结核病防控工作的政策、文件等。

二、牛场结核病防控检测方法

参照《动物结核病诊断技术》(GB/T 18645—2020)、《结核病病原菌实时荧光 PCR 检测方法》(GB/T 27639—2011)及未列入国标新的检测技术(数字 PCR 检测技术、多重液相芯片法、噬菌体生物扩增法、全基因组测序法

(whole genome sequencing，WGS))。

三、牛结核病防控方案制定的主要影响因素

(一) 风险因素分析

对牛场的各风险因素进行综合分析，重点关注以下风险因素：①养殖场点类型是否为养殖小区；②场内是否有散养牛；③场区与周边环境有无围墙和防疫沟屏障；④粪便废弃物堆积场所是否位于场内；⑤病死牛深埋点位置是否位于场内；⑥近5年内是否曾经引进牛；⑦最近一次引进牛是否来源于其他奶牛场；⑧场内是否有流浪犬猫且能接触到牛；⑨牛舍消毒频率是否≤3次/周；⑩引入牛前是否进行结核病检测，入场隔离期间是否再次进行牛结核病检测；⑪检出的结核病牛是否按规定淘汰并无害化处理，是否隔离结核病检测可疑牛；⑫直接接触牛群的饲养人员及管理人员是否按规定进行健康监测。

(二) 牛场的牛结核病发病情况调查分析

对牛场近5年的牛结核病临床发病情况、牛结核病检测情况、病死及淘汰扑杀情况、牛的调入检疫隔离情况、病死畜无害化处理方式及数量等情况进行全面分析，确定牛场结核病发病率及引起发病的主要风险因素。

(三) 牛场的生物安全管理状况

牛的引进及调动管理、人员车辆管理、饲料及入场物品管理、牛场的圈舍各生产区的分布、各生产区的隔离、消毒设施、圈舍、运动场、场区及周围的消毒管理等方面，全面科学评估牛场的生物安全管理水平。

依据以上评估分析结果，制定牛场的结核病防控方案。

第二节　牛结核病主要检测方法

牛结核病是由分枝杆菌属的细菌引起的一种慢性、人兽共患性传染病，在全世界范围内严重威胁人类健康并影响畜牧业发展。牛结核病主要通过呼吸道和消化道感染，可侵害多种动物，家畜中奶牛最易感，其次为黄牛、牦牛、水牛、猪和家禽，野生动物中以鹿较为常见。该病临床上主要特征是病程缓慢、渐进性消瘦、咳嗽、衰竭，并在多种组织器官（如肺、肝、脾和肠道等）形成肉芽肿和干酪样钙化结节。牛结核病目前尚无有效的治疗方法，只能通过淘汰阳性畜净化畜群的方法进行防控，敏感性高、特异性强的牛结核病的诊断方法对牛结核病的防控至关重要。

一、牛结核病检测方法的特性及适用

(一) 细菌学检查

由于结核病分枝杆菌生长缓慢,分离培养一般需要 10~12 周,还要进行生化鉴定,同时分离培养成功率低,有 10%~20% 的病例存在培养失败的问题,操作复杂,耗时太长,且危险性高,必须在生物安全三级以上实验室方可进行,对实验室生物安全要求较高,对基层牛场牛结核病检测不适用。

(二) 结核菌素皮内变态反应

结核菌素皮内变态反应分为牛型提纯结核菌素 PPD 单皮内变态反应 (TST),牛型提纯结核菌素 PPD 和禽型提纯结核菌素比较皮内变态反应 (SICTT),是目前应用最为广泛的牛结核病检测方法,该方法的优点是检测灵敏性高、操作简单、试剂便宜,无须特殊的检测设备,适合牛场操作。但该方法特异性不高,结果测量主观性强,多次保定牛,工作强度大,在出现可疑牛时必须间隔 42 d 以上才能再次检测,牛饲养成本高造成浪费等。该方法适合在基层全面筛查时使用。

(三) γ-干扰素体外释放试验 (IFN-γ)

该方法作为牛结核病辅助诊断方法,用于牛型结核分枝杆菌与其他分枝杆菌的鉴别诊断,该方法适用于牛结核病的净化与感染率调查检测,该方法与牛型提纯结核菌素 PPD 皮内变态反应进行平行检测,以提高结核病的检出率,加快污染牛场的净化进程。与皮内变态反应类似,不能区分牛结核分枝杆菌的感染和卡介苗免疫动物,在牛型结核和禽型结核共感染流行区域,容易导致漏检和误判,不适合临床病例的确认。该检测方法检测试剂成本较高,对试验条件与检测人员的技术要求较高,不适用基层牛群全面检测,可用于对牛型提纯结核菌素皮内变态反应检测的阳性畜及可疑畜的复检。

(四) 牛结核病 ELISA 抗体检测法

由于结核病以细胞免疫为主、体液免疫为辅,结核分枝杆菌是细胞内感染菌,只有在感染后期菌血症时期才会出现血清抗体,因此该方法只适用于感染后期牛结核病的检测,不能检测出感染早期的牛,不适合牛结核病的早期筛查,不建议在牛结核病防控净化检测中使用。

(五) 聚合酶链式反应 (PCR) 检测及荧光定量 PCR 检测法

适用于快速检测细菌培养物、血样、奶样、痰液、组织器官、粪便等临床样品中结核分枝杆菌复合群、结核分枝杆菌、牛分枝杆菌,因其敏感性高、高通量快速检测应用于牛结核病诊断。但由于结核分枝杆菌的特殊性及感染部位不同，核酸提取成功率不同，进而影响检出率；该方法检测设备昂贵，对实验室条件和检测人员的技术水平要求较高，还不能用于养殖场的全群结核病早期筛查。

（六）数字 PCR 检测技术

其原理即将 1 个样本稀释并分成数百个甚至数百万个独立的反应单元，使得所有独立的反应单元中包含或者不包含 1 个或多个拷贝的 DNA 模板分子，进而对所有独立的反应单元进行平行扩增。数字 PCR 采用终点定量的方法进行分析，即在扩增结束后读取各个反应单元的阴性或者阳性荧光信号，并采用泊松分布的统计学方法进行分析，以计算出原始样本的模板拷贝数。数字 PCR 是第三代 PCR 检测技术，是目前最灵敏、最精准的 PCR 检测技术，可以获得比荧光定量 PCR 技术至少 10 倍的检测灵敏度，对抑制剂的耐受力强，可以直接得到核酸分子的个数，实现起始样品的绝对定量。可以实现对牛结核病高精准检测，但由于目前设备昂贵，对实验室条件要求较高，在动物疫病检测中还处于起步阶段，商品化的检测试剂较少，随着该技术的不断成熟和检测设备国产化普及，以其高敏感性及特异性，未来在动物疫病的检测，特别是在结核病早期检测方面，有着广阔的市场前景。

（七）噬菌体生物扩增法

由于分枝杆菌噬菌体具有特定的宿主菌谱和只能感染活的分枝杆菌等特点，由其衍生的噬菌体生物扩增法常被评价为一种高特异性和敏感性的诊断方法。该方法的原理是分枝杆菌噬菌体在感染宿主菌后具有很高的稳定性，使得噬菌体感染宿主菌后，能够在将宿主菌完全裂解前持续增殖，其子代噬菌体会随菌体的裂解得到释放，随后与相应的指示细胞结合，并通过裂解指示细胞再次释放，最终以透明的噬菌斑的形式出现在琼脂平板上。根据琼脂平板上有无噬菌斑并计算噬菌斑数量，便可直接判定样品中是否存在有活性的分枝杆菌。

（八）多重液相芯片检测法

液相芯片技术（Liquichip）又称液态悬浮芯片技术，是整合了激光技术、流式细胞仪、数字信号处理和传统化学技术的一种新型生物分子检测技术，目前广泛应用于各种免疫分析和核酸检测中。液相芯片技术支持单重和多重分析，可在多种测定方法中对蛋白质和核酸靶标进行高通量检测，具有高通量、操作简单、适用范围广、重复性好、特异性高、所需样品量少、更灵敏稳定、成本低等优点，正逐渐代替传统检测和定量病原体的工具。液相芯片技术是由带有不同标记物的微球悬浮于液相体系中构成的一种液相芯片系统，该技术原理是抗原抗体结合或者碱基互补结合。该方法同时检测和鉴别多种分枝杆菌，是多重液相芯片检测法的独特优势，其在临床检测和研究领域中具有一定的实用价值。液相芯片分析仪以及相关试剂耗材较其他检测方法昂贵，现阶段无法进行在大面积推广应用。

（九）全基因组测序（whole genome sequencing，WGS）法

WGS是指通过对待测样本的基因进行高通量测序的方法得到相应的全基因序列，再采用生物信息学技术分析所得序列的特征，从而在基因组学层面开展牛结核病流行病学调查。WGS法可以通过结合数学模型鉴别和分析同一地区不同物种间的分枝杆菌分离株的菌株型，为进一步了解跨物种间的动态传播方式等信息提供直接依据。WGS法具有全面、精准、快捷高效等优点。随着分子生物学检测技术的大力发展，WGS法的检测成本也随之降低，其应用范围有望超越传统检测手段，成为对动物群体检疫及疾病关联性分析的主要研究方法之一。

二、多种检疫方法组合使用，提高检测准确性

针对牛结核病的检测方法，每种检测方法都存在各自的优点及缺点，目前还没有一种特别理想的检测方法，在实际检测中要结合牛场的实际条件与检测目标，多采用两种或两种以上检测方法组合检测，发挥每种检测方法各自的优势，以提高检测的敏感性及特异性。

第三节 牛结核病的定期监测

按《牛结核病防治技术规范》《国家奶牛结核病防控指导意见》《动物结核病诊断技术》（GB/T 18645—2020）的要求，应根据牛结核病发病流行情况及疫病发生流行各种风险因素综合分析，依据牛场结核病发生风险的高低，对防控实行分级管理。

一、分级管理

（一）检测频次

对牛结核病感染群，依据感染的程度的不同，采取相应的检测频次，建议每年对牛群进行2~4次检测；对牛结核病感染率达到控制标准及以上的健康群和净化场群，每年春秋两季各进行1次全群检测；对初生犊牛，应于20日龄时进行第一次检测，120日龄进行第二次检测，依据检测结果感染率的高

低,参照感染群或净化群相应的检测频次执行。

(二)检测抽样比例

监测比例为:种牛、奶牛100%,规模场肉牛10%,其他牛5%,疑似病牛100%,如在抽检牛群中检出阳性牛,应对该群进行全群检测。

(三)检测方法

对牛型结核菌素(PPD)皮内变态反应检出的阳性牛、可疑牛应再次应利用γ-干扰素体外释放试验或数字PCR检测法进行检测,根据检测目标的不同,可采用:平行检测(两种方法中任一方法检测为阳性时则确定为结核病牛,可实现快速净化),或序列检测(两种方法同时检测为阳性方可确定为结核病牛,可减少假阳性牛),结核病牛应及时扑杀并无害化处理。

二、监测内容与流程

(一)牛结核病检测内容

依据《动物结核病诊断技术》(GB/T 18645—2020)、《结核病病原菌实时荧光PCR检测方法》(GB/T 27639—2011)的相关规定,结核病检测内容主要有:结核病的临床诊断(流行特点、临床症状、病理变化)、细菌学检查(染色镜检、病原分离培养和生化鉴定)、血清学检测(酶联免疫吸附试验、液相芯片检测)、免疫学检测(结核菌素皮内变态反应、比较变态试验、γ-干扰素体外释放试验)、分子生物学检测(普通PCR、实时荧光PCR、数字PCR、全基因组测序等)。

(二)牛结核病检测流程

1. 临床诊断

从牛的临床症状、病理变化及流行病学史对牛群的健康状况进行评估,并作出初步诊断。

2. 免疫学检测

(1)皮内变态反应检测(牛型PPD皮内变态反应试验,比较皮内变态反应)。

(2)γ-干扰素体外释放试验(IFN-γ)。

(3)血清学检测,结核抗体ELISA检测法(适用于感染中后期检测)。

3. 分子生物学检测

PCR检测(传统PCR检测、实时荧光PCR检测、微滴数字PCR),全基因组测序。

4. 细菌学检测

萋-尼氏抗酸染色，显微镜检查；分枝杆菌分离培养。

(三) 检测方法的确定

检测方法的确定一定要全面考虑各种检测方法的优缺点、养殖场现场检测条件、养殖场检测人员的技术水平、检测成本等因素，选择适合养殖场实际、经济、方便的检测方法。根据检测目的的不同，可以是单一的检测方法，也可以是几种方法组合检测。

根据目前多数养殖场的检测条件、养殖场人员检测水平及检测成本综合考虑，在开展养殖场牛结核病定期全群检测时推荐以下检测程序：首先采用牛型提纯结核菌素（PPD）皮内变态反应进行全群筛查，对检出的阳性及可疑牛采用牛结核病数字 PCR 检测方法或采用牛结核病 γ-干扰素体外释放试验（IFN-γ）进行确诊，两种检测方法均为阳性时，则确定为结核病牛。

三、监测信息的分析与应用

(一) 检测结果的分析

对检测数据采用生物统计学方法进行科学的统计分析，从感染率、发病率、流行率、病死率、临床症状、病理变化等方面进行科学分析，对牛场的结核病防控生物安全风险进行评估，针对存在的风险点制定出生物安全管理制度和操作流程，指导牛场结核病防控实践。

(二) 风险防控与结果的应用

对牛结核病防控实施"一场一策"分级分类管理，依据生物安全管理评估结果，不断健全牛场的生物安全管理制度，完善牛场的生物安全防护设施设备管理，制定细化操作流程并确保落实到位，不断提高牛场的结核病防控工作针对性与防控措施的精准性，做到科学防控。

第四节 数字 PCR 技术在牛场结核病检测中的新应用

一、牛场环境检测

由于牛结核病发病牛可通过呼吸道、消化道及泌乳向外排菌，污染环境，造成结核病在牛群中迅速传播，之前由于环境样品中结核分枝杆菌的丰度极低，常规检测方法很难检出。随着数字 PCR 检测技术的发展，检测设备及检测试剂的成本降低，使数字 PCR 对牛结核病检测在牛场应用成为可能，该检测方法对牛结核检测具有极高的敏感性与特异性，可以检出结核菌丰度极低的样本，对牛场的环境结核菌的污染情况开展检测，制定科学合理的检测方案，开展定期和不定期的环境监测，以及早掌握牛场环境的污染情况，发布感染风险预警，并采取加强饲养管理、严格规范消毒等综合措施，最大限度降低感染风险。

检测样品与方法：现场采集牛圈内的地面、栏杆、食槽、排污口、挤奶厅、赶牛通道、运动场、无害化处理场点、隔离场点等环境样品，采用牛结核病数字 PCR 检测方法，按试剂盒规定的方法和程序检测。

二、大罐奶检测

开展大罐奶定期检测，可以及时发现泌乳牛群是否存在结核病感染牛，由于数字 PCR 检测方法可以检测出结核菌含量极低的样品，可以检出 0.5 个拷贝/μL 以上的结核分枝杆菌，通过定期检测在大罐奶中的结核分枝杆菌，及早发现泌乳牛群结核病感染情况，为牛群的结核病早期感染提供预警，当大罐奶检测出现阳性时，就要及时组织开展对泌乳牛的全群结核病检测，及时发现并淘汰阳性牛，对防止结核病的传播扩散具有十分重要的意义。同时大罐奶定期检测可以有效降低乳制品带菌的风险，对公共卫生安全及人民群众身体健康具有十分重要的意义。

检测样品与方法：现场采集挤奶厅大罐奶 50~100 mL，采用高速离心的方法进行浓缩集菌，取沉淀物进行核酸提取，采用牛结核病数字 PCR 检测方法，按试剂盒规定的方法和程序检测。

三、运输车辆的带菌检测

运输车辆是牛结核病传入的重要风险点，也是牛场生物安全管理的重要环节，以前的检测方法由于结核分枝杆菌的生物学特性，很难检测。数字 PCR 检测方法极高的敏感性与特异性使运输车辆结核分枝杆菌检测得以实现，对入场车辆开展结核病病原菌检测，全面评估车辆带菌风险，最大限度降低因车辆污染带菌传染的风险，对结核病防控意义重大。

检测样品与方法：现场采集车厢底板、边板、轮胎、驾驶室地板等部位环境样品，采用数字 PCR 检测方法进行检测。

第五节　基于数字 PCR 技术牛结核病的精准检测方案

在对牛场进行全面分析评估的基础上，对牛场的结核病发病情况进行全面的检测，依据牛的风险因素及检测结果实施分级管理，精准检测、分类防控。

一、牛场结核病的检测技术方案

（一）检测方法的选择

在养殖场现场采用牛型提纯结核菌素（PPD）皮内变态反应进行全群检测，对检出的阳性及可疑牛，再采用数字 PCR 检测方法或 γ-干扰素进行检测，依据检测目标的不同，可采用皮内变态反应与数字 PCR 法或皮内变态反应与 γ-干扰素两种检测方法组合，每一组合中任一方法检测的阳性均判为病牛（平行检测）；两种组合每一种组合中两种检测方法结果必须同时为阳性，才能判定为病牛（序列检测）。

平行检测可以应用于牛结核病发病率低的牛场，虽然可能会有一些假阳性牛被扑杀，在发病初期可以迅速彻底清除感染牛，防止结核病在牛群中的扩散传播，实现快速净化牛群。序列检测适用于结核病发病率较高的牛群，每组中两种检测方法同时为阳性的牛才判定为结核病牛，大幅提高了检测结果的准确率，最大限度减少假阳性牛被误杀，但可能有个别的感染牛未被清除，延缓结核病净化进程。

由于数字 PCR 具有极高的敏感性与特异性，可以检出极低载量的样本，能够检测出早期感染的病畜，但由于该方法仪器设备昂贵，检测试剂的成本较高，不适用于结核病的全群检测，综合考虑，牛场的结核病检测既经济又精准检测方案：采用牛结核菌素皮内变态反应进行全群检测，再采用数字 PCR 方法对皮内变态反应检出的阳性牛和可疑牛进行确诊检测。

（二）检测频次

对初生犊牛 20 日龄首次检测，100~120 日龄进行第二次检测，两次检测都是阴性，可以每半年检测 1 次；对结核病阴性群每半年检测 1 次；对结核病阳性群每 3~4 个月进行全群检测，当连续两次检测全部为阴性，可确定为无结核病健康群，以后可每半年检测 1 次。

二、牛结核病检测结果的处理

(一) 阳性牛的处理

一旦检出阳性牛，要立即采取无血扑杀并无害化处理（焚烧、化制、深埋）。检出阳性牛的牛群应每 3 个月进行 1 次反复检测，及早发现阳性牛并及时进行无害化处理。禁止出售阳性牛及其肉、奶等相关产品。

(二) 可疑牛的处理

可疑牛要立即转入病牛隔离圈实施严格隔离，限制其移动，饲养人员及饲料、用具、饮水均须按规定严格隔离，严防因管理不善造成疫情扩散。可立即用牛结核病数字 PCR 检测方法或 γ-干扰素体外释放试验等方法进行确诊；也可于 42d 后用牛型提纯结核菌素（PPD）皮内变态反应试验进行复检，复检结果为阳性，则按阳性牛立即处理；若仍为可疑，视同阳性牛病处理。

可疑牛确诊为阴性的，不要立即混群饲养，隔离 1 个月之后再次检测为阴性方可混群。

(三) 环境、污染物的处理

奶牛群中检出的阳性牛进行无害化处理后，对被病畜和阳性畜污染的场所、用具、物品进行严格消毒。饲养场的金属设施、设备可采取火焰、熏蒸等方式消毒；养畜场的圈舍、场地、车辆等，可选用 2% 烧碱、二氯异氰脲酸钠等有效消毒药消毒；饲养场的饲料、垫料可采取深埋发酵处理或焚烧处理；粪便采取堆积密封发酵方式以及其他相应的有效消毒方式处理。

消毒后可采集圈舍地面、栏杆、食槽等环境样，采用牛结核病数字 PCR 检测方法进行检测，以评价消毒效果。

第六节 牛结核病的分区防控与净化

一、牛结核病净化的意义

结核病净化是指特定区域或场所牛结核病有计划消灭的过程，通过监测、检验检疫、隔离、扑杀、销毁等一系列技术和管理措施，达到该区域或范围内个体不发病和无感染的状态。实施牛结核病净化消灭，是牛结核病防控的重要路径，也是牛结核病防控的最终目标。

二、牛结核病净化场的标准

同时满足以下要求，视为达到净化标准。
(1) 种牛群抽检，牛结核菌素皮内变态反应阴性。
(2) 连续两年以上无临床病例。

三、防控净化主要措施

(1) 奶牛场建设场址选择、布局和设施应符合《规模化畜禽场良好生产环境第1部分：场地要求》（GB/T 41441.1—2022）、《规模化畜禽场良好生产环境第2部分：为畜禽舍技术要求》（GB/T 41441.2—2022）的规定。

(2) 栏舍设置符合《畜禽场场区设计技术规范》（NY/T 682—2003）的规定，栏舍环境质量指标符合《畜禽养殖场环境质量标准》（NY/T 388）的规定。

(3) 制定严格的消毒制度及各场所消毒方案，并确保消毒措施的落实。

(4) 新生犊牛出生后应立即与母牛隔离饲养，全程饲喂巴氏杀菌乳。

(5) 建立结核病日常防疫、发病报告制度和应急预案。

(6) 建立员工培训制度和培训计划，每年对员工开展结核病防控知识培训。

(7) 奶牛场工作人员定期进行健康检查。发现患有结核病或其他人兽共患病的调离岗位。新进员工体检合格后方可上岗。

四、监测净化

(1) 按照兽医主管部门制定的监测方案结合本场实际制定净化方案，有计划开展防控净化工作。

(2) 犊牛20日龄时进行第1次检测，120日龄时进行第2次检测；每年至少进行2次全群监测。结核病监测阳性场可提高检测频次至每年4次以上，达到净化标准后，恢复至每年2次全群监测。

(3) 对调入牛，调运前30 d和混群前分别检测1次。调入后隔离饲养45 d，经结核病检测阴性后混群饲养，混群后纳入常规监测。

(4) 可疑牛及时隔离，由专人饲养，牛奶的处置参照《病死及病害动物无害化处理技术规范》。可疑牛复检为阴性的按阴性牛处理。

(5) 阳性牛及时隔离、扑杀，并作无害化处理，阳性牛的处置参照《病死及病害动物无害化处理技术规范》。

(6) 结核病监测阳性时，紧急消毒参照《牛结核病防治技术规范》执行，并配合动物疫病预防控制中心开展的流行病学调查。

(7) 净化标准：连续 2 年结核病监测个体阳性率小于 0.1%。

(8) 达到净化标准后，按照第 2 项开展持续监测，维持净化效果。

(9) 检测记录能追溯到耳号、二维码耳标号等唯一性标识，监测、净化工作实施记录保持 3 年以上。

五、流动控制

(1) 对牛实施信息化管理，佩戴的标识符合《畜禽标识和养殖档案管理办法》的规定。

(2) 建立引种管理制度和牛移动可追溯管理制度，通过标识佩戴、建立身份档案等途径，对牛出生、调运、销售、淘汰、死亡进行全程监控。

(3) 购进精液、胚胎、引种应来源于结核病阴性场，或奶牛结核病无疫国家或地区。

(4) 从外省市引进奶牛的参照《跨省调运乳用种用动物产地检疫规程》执行。引入前报辖区动物卫生监督机构办理审批手续。

(5) 牛调运出场时，须提前向辖区动物卫生监督机构报检，凭动物卫生监督机构出具的动物检疫合格证明出场、运输。

(6) 检出阳性牛的奶牛场，应限制其牛及其产品的流动，限制人员和车辆的进出。在下一次全群监测为阴性时，可解除流动控制。

六、净化程序

（一）本底调查阶段

1. 调查目的

了解本场奶牛群基本防疫状况、健康状态、牛结核病感染水平，评估结核病发生和传播风险。

2. 调查内容

全群检疫奶牛结核病。分析本场结核病发生史和控制情况、周围结核病疫情情况等关键风险因子，评估本场结核病风险。根据净化成本和人力物力投入，制定适合于本场实际情况的净化技术方案。

（二）监测净化阶段

本阶段，养殖场采取监测、隔离、淘汰相结合的综合防控措施，保障养殖管理科学有效、生物安全措施得力和环境可靠。

1. 阶段目标

连续两年以上奶牛全群检疫结核病阴性，无临床病例。

2. 监测内容及比例

监测重点是及时发现结核病感染个体，具体监测情况见表18。

表18 牛结核病净化检测比例

种群	检测比例	监测频率	备注
种牛	100%	1次/半年	
引进牛	100%	混群后纳入种牛监测范畴	引进前30 d和混群前分别进行1次

（1）监测结果处理。

检测阳性的扑杀个体，加强同舍监测。对发现的临床疑似病例，应报告当地动物疫病预防控制机构，按照国家有关规定处理。一旦发现阳性病例，转为每月监测1次，连续3次检测均为阴性，方可转入常规监测。

（2）监测效果评价。

连续两年以上无临床病例，PPD检测阴性，即认为达到净化状态。

3. 净化维持阶段

达到结核病净化状态后，养殖场可开展持续维持性监测，具体监测情况见表19。

表19 牛结核病净化维持监测比例

种群	监测比例	监测频率	备注
种牛	100%	1次/半年	
引进牛	100%	混群后纳入种牛监测范畴	引进前30 d和混群前分别进行1次

监测期间，发现异常情况处置同监测净化阶段。

4. 检测方法

采用牛型结核分枝杆菌PPD皮内变态反应试验进行检测，阳性牛用比较变态反应试验或γ-干扰素进行复检，复检阳性即确诊为阳性病例。检测试剂由养殖场或检测机构自行选购。

七、净化效果维持措施

(一) 加强管理

严格执行卫生防疫制度，全面做好清洁和消毒；严格执行生物安全管理措施,实行人员进出控制隔离制度;规范饲养管理行为。

(二) 规范免疫

根据本地区和本场疫病流行情况,依据《中华人民共和国动物防疫法》及有关法律法规的要求,制定免疫程序,并按程序执行。通过净化评估认证的企业,根据自身情况可逐步退出免疫,实施非免疫无疫管理。如净化维持期间监测发现隐性感染或临床发病,应及时调整免疫程序,必要时全群免疫,加大监测和淘汰力度,实行全进全出,严格生物安全操作,维持净化效果。

(三) 开展持续监测

净化奶牛群建立后,监测比例和频率同净化维持阶段,以持续维持净化奶牛群的健康状态。

(四) 保障措施

养殖场结合本场实际,保障疫病净化人力、物力、财力的投入;做好疫病净化软硬件准备,保障采样、监测、阳性畜淘汰或扑杀、无害化处理等综合防控措施;定期监测净化效果评估和分析报告。

参考文献

郭爱珍,2015. 牛结核病 [M]. 北京:中国农业出版社.

郭宏伟,赵绪永,李华玮,等,2021. 数字PCR技术在动物疫病诊断中的应用进展 [J]. 动物医学进展(2):102-106.

国家标准化管理委员会,2020-12-14. 动物结核病病诊断技术:GB/T 18645—2020 [S]. 北京:中国标准化出版社.

国家标准化管理委员会,2011-12-30. 结核病病原菌实时荧光PCR检测方法:GB/T 27639—2011 [S]. 北京:中国标准化出版社.

田克恭,李明,2014. 动物疫病诊断技术 [M]. 北京:中国农业出版社.

田文霞,2007. 兽医防疫消毒技术 [M]. 北京:中国农业出版社.

王曲直,2015. 规模化奶牛场结核病的防控与净化 [D]. 扬州:扬州大学.

邬旭龙,肖璐,宋勇,等,2017. 非洲猪瘟病毒微滴数字PCR(ddPCR)方法的建立及应用 [J]. 微生物学通报(12):2839-2846.

阳爱国,周鸣忠,2021. 奶牛布鲁氏菌和结核病防治技术 [M]. 北京:中国农业出版社.

原霖,董浩,倪建强,等,2019. 非洲猪瘟病毒微滴数字PCR检测方法的建立 [J]. 畜牧与兽医,51(7):81-84.

中华人民共和国农业部,2008-03-01. 标准化奶牛场建设规范:NY/T 1567—2007 [S]. 北京:中国农业出版社.

中华人民共和国农业部,2015-01-01. 标准化养殖场 奶牛:NY/T 2662—2014 [S]. 北京:中国农业出版社.